Die hydrodynamischen Grundlagen des Fluges

Von

Dr. Richard Grammel
Privatdozenten für Mechanik an der Technischen Hochschule Danzig

Mit 83 Figuren

Springer Fachmedien Wiesbaden GmbH 1917

Herausgeber dieses Heftes ist
Prof. Dr. Fritz Emde in Stuttgart.

ISBN 978-3-663-19899-4   ISBN 978-3-663-20240-0 (eBook)
DOI 10.1007/978-3-663-20240-0

Vorwort.

Die überraschenden Fortschritte, die unsere Kenntnisse vom
Mechanismus des Auftriebes bewegter Flächen im letzten Jahr-
zehnt gemacht haben, rechtfertigen den Versuch, die Theorie der
Strömungserscheinungen an Tragflächen, d. h. die Hydrodynamik
des Fluges nach ihrem heutigen Stande in Form einer kleinen
Monographie zusammenfassend darzustellen. Ich habe mich dabei
nicht so sehr durch das Bestreben nach Vollständigkeit leiten
lassen, als vielmehr danach getrachtet, den gemeinsamen Kern
der zahlreichen, da und dort verstreuten Untersuchungen möglichst klar herauszuschälen und ihre wichtigsten Ergebnisse von
einem einheitlichen Gesichtspunkte aus und nach einer folgerichtig
durchgeführten Methode herzuleiten.

Daß sich dabei mancher Umweg abkürzen ließ, versteht sich
von selbst. Ich hoffe sogar, die Entwickelungen auf eine so einfache Gestalt gebracht zu haben, daß nicht nur der geschulte
Mathematiker, sondern auch der mit analytischen Hilfsmitteln
einigermaßen vertraute Ingenieur sich mühelos in einem Wissens-
gebiet zurechtzufinden vermag, das, abgesehen von seinem aktuellen
Interesse, namentlich durch die glückliche Harmonie zwischen ab-
strakter Theorie und handgreiflicher Praxis so viel Befriedigung
gewährt.

Außer den Elementen der Differential- und Integralrechnung
wird die Kenntnis der komplexen Zahlen und einiger vektor-
analytischen Rechenregeln vorausgesetzt, die überdies in einem
Anhange zusammengestellt sind. Ohne Vektoren wäre es unmög-
lich gewesen, die grundlegenden Erörterungen der ersten und des
letzten Paragraphen anschaulich und mit der durch den zulässigen

Umfang der Schrift bedingten Kürze zu formulieren. Dagegen berücksichtigt die Darstellung auch solche Leser, denen weder die Dynamik der Flüssigkeiten, noch die Theorie der analytischen Funktionen geläufig ist; soweit darauf zurückzugreifen war, sind die benutzten Sätze unmittelbar an der Hand des Stoffes abgeleitet worden.

Die Schwierigkeit, aus dem großen Bereich der Flugwissenschaft ein in sich geschlossenes Teilgebiet abzugrenzen, habe ich dadurch zu beheben versucht, daß ich nur solche theoretischen Entwickelungen aufnahm, die, ohne sich auf experimentelle Koeffizienten zu stützen, absolute Werte zu berechnen gestatten. Nur im letzten Kapitel, wo der Anschluß an die Flugpraxis herzustellen war, bin ich von diesem Wege etwas abgebogen, um anzudeuten, wie man in Ermangelung strenger hydrodynamischer Methoden bei den kompliziertesten Problemen neuerdings mit phänomenologischen Mitteln zum Ziele gekommen ist. Ich habe dabei von einigen noch nicht veröffentlichten Gedanken von Herrn Professor Dr. L. Prandtl Gebrauch machen dürfen, dem ich ebenso wie auch Herrn Professor Dr.-Ing. F. Emde für guten Rat und wertvolle Hilfe bei der Korrektur zu vielem Dank verpflichtet bin.

Das am Schluß hinzugefügte Literaturverzeichnis, auf das sich die Verweisungen des Textes beziehen, führt nur diejenigen Arbeiten an, die von unmittelbarem Einfluß auf meine Darstellung gewesen sind oder sonstwie einen starken Eindruck hinterlassen haben.

Danzig-Langfuhr, im Januar 1917.

Dr. R. Grammel.

Inhaltsverzeichnis.

Einleitung.

Die Erklärung und Berechnung der Kräfte, die ein Körper erfährt, wenn er durch eine Flüssigkeit oder ein Gas bewegt wird, hat der hydrodynamischen Wissenschaft früher große Schwierigkeiten bereitet. Newton war der Meinung, daß diese Kräfte anzusehen seien als Gegenwirkung des der Flüssigkeit mitgeteilten Bewegungsimpulses. Diese an sich richtige Ansicht stimmte in ihren Folgerungen nicht mit der Erfahrung überein, weil, wie man heute weiß, das hypothetische Medium, welches Newton an die Stelle der Flüssigkeit setzte, gerade die charakteristischen Eigenschaften einer solchen nicht besaß, und ergab, angewandt z. B. auf den Flug der Vögel, Arbeitsleistungen, die mit deren Muskulatur physiologisch nicht in Einklang zu bringen sind[8]. Die theoretische Hydrodynamik, wie sie von Euler, Kirchhoff u. a. ausgestaltet worden ist, war lange Zeit gewohnt, nur reibungslose Strömungen in den Kreis ihrer Betrachtungen zu ziehen, und gelangte so zu dem im höchsten Grade unglaubwürdigen Satze, daß die Resultante aller auf einen bewegten Körper von der umgebenden Flüssigkeit ausgeübten Elementardrücke wenigstens im stationären Zustande verschwinde. Nicht viel besser wurden die Aussichten auf eine Lösung des Rätsels, als man nach dem Vorgange von Stokes die Zähigkeit der Flüssigkeit zu berücksichtigen anfing; deren meist geringfügiger Betrag reichte bei weitem nicht aus, die erhebliche Größe der tatsächlich beobachteten Kräfte zu erklären. Zwar gelang es Helmholtz, mit Hilfe sogenannter Unstetigkeitsflächen, die das Totwasser hinter dem Körper von der frei strömenden Flüssigkeit abtrennen, wenigstens dessen Stirnwiderstand rechnerisch einigermaßen zu ermitteln; und später gab Lord Rayleigh auch eine Formel für denjenigen Teil der Kraft an, den man (im Unterschied vom archimedischen Auftrieb, den wir hier nicht weiter beachten wollen) als dynamischen Auftrieb zu bezeichnen pflegt, weil jede Art dynamischen Fluges auf ihm beruht. Allein dieses Hilfsmittel ist aus Gründen der Stabilität mit Recht stets heftig angegriffen worden, und zudem wichen die Ergebnisse zahlenmäßig von der Beobachtung unzulässig stark ab. Andere Ausdrücke wiederum, die sich der Erfahrung besser anpaßten, so das v. Lösslsche Stoßgesetz, entbehren jeder hydrodynamischen Begründung.

Es scheint, daß die mit dem Ende des letzten Jahrhunderts zur Wirklichkeit heranreifenden Bestrebungen, die Konstruktion eines durch eigene Kraft steigenden Flugzeuges zu finden, auch hier neue Anregungen gegeben und so wesentlich zur endgültigen Klärung des alten Problems beigetragen haben, das nachgerade geeignet war, das Vertrauen zur klassischen Hydrodynamik aufs empfindlichste zu erschüttern. Sorgfältige Versuche gewährten zum ersten Male einen Einblick in den Mechanismus, dem jene Kräfte ihre Entstehung verdanken.

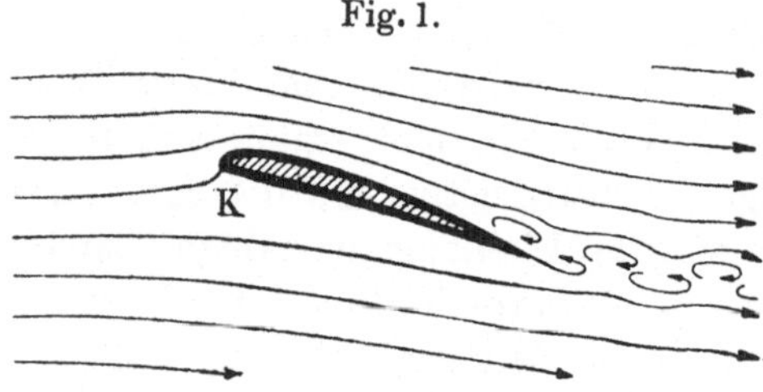

Zieht man nämlich einen langen Tragflügel, etwa ein gewölbtes, überall gleich breites Brett senkrecht zu seiner Längsausdehnung mit einer gegenüber der Ausbreitung des Schalles mäßigen Geschwindigkeit durch die Luft, so darf man diese mit sehr großer Annäherung wie eine inkompressible Flüssigkeit behandeln. Sieht man von der Nähe der Wände oder des Erdbodens ab, d. h. betrachtet man den Luftraum als allseitig unendlich ausgebreitet und setzt man die Bewegung der Tragfläche als geradlinig und gleichförmig an, so kann man sich auch auf den Standpunkt eines mit dem Brett fest verbundenen Beobachters stellen, als ob gegen das ruhende Brett ein gleichmäßiger Luftstrom geblasen würde. Durch geeignete Vorrichtungen*) läßt sich das Strombild, d. h. die scheinbaren Bahnkurven der bewegten Luftteilchen, sichtbar machen; man findet dann, wenn man von zufälligen Unregelmäßigkeiten abstrahiert, in einer etwa durch die Brettmitte senkrecht

---

*) Man vergleiche z. B. die klaren Strombilder aus der Göttinger Versuchsanstalt, Jahrb. der Motorluftschiffstudienges. **6**, 78 f., 1912/13.

zur Längsausdehnung des Brettes gelegten Ebene vom Gesichtspunkte jenes Beobachters aus ein Bild, das stilisiert in Fig. 1 wiedergegeben ist. Es fällt dabei einmal ein Wirbelsystem im „Kielwasser" der Brettkontur K auf, das fortwährend Impuls nach hinten wegführt und somit Veranlassung gibt zu einem Widerstand in der Bewegungsrichtung, dem sogenannten Stirnwiderstand, der uns hier übrigens nur sekundär interessiert ($\S\,17, 4$). Weiter zeigt die Figur, daß sich über dem Brett die Stromlinien zusammendrängen, unter ihm dagegen auseinandertreten, was man sich so erklärt, daß außer der relativen Strömung von links nach rechts eine Zirkulation um das Profil K im Uhrzeigersinne kreist. Jedenfalls müssen hiernach auf der Unterseite Überdrücke entstehen, deren Resultante den lange gesuchten dynamischen Auftrieb darstellt.

Die Zirkulation wurde in ihrer fundamentalen Wichtigkeit für das Flugproblem wohl zuerst von F. A. Lanchester[21] erkannt und von W. M. Kutta[18] und N. Joukowsky[14] theoretisch verwertet, wobei sich eine so befriedigende Übereinstimmung mit der Erfahrung herausgestellt hat, daß diese Grundlage des dynamischen Fluges, die wir im folgenden genauer zu diskutieren uns vorsetzen, heute als völlig gesichert angesehen werden darf.

Erster Abschnitt.

Auftrieb und Zirkulation.

§ 1. Die hydrodynamischen Grundlagen.

1. Wir haben uns zuerst darüber zu verständigen, daß wir das Medium des dynamischen Fluges, die Luft, wie eine reibungslose, inkompressible, der Schwere nicht unterworfene Flüssigkeit behandeln wollen. Was die Reibung anlangt, so werden wir darauf später (§ 17, **1**) zurückzukommen haben, wobei sich herausstellen wird, daß ihr Einfluß in der Tat recht gering ist. Die Voraussetzung der Inkompressibilität*) rechtfertigt sich dadurch, daß die auftretenden Druckdifferenzen nie über wenige tausendstel Atmosphären hinausgehen (§ 12, **2**). Schließlich spielen das Gewicht und die dadurch bedingten Druckänderungen innerhalb der am Fluge beteiligten Luftmassen praktisch eine ebenso geringe Rolle wie der archimedische Auftrieb der vom Flugzeug verdrängten Luftmenge.

Auf ein hinreichend klein gewähltes Volumelement des so idealisierten Mediums wirkt dann als einzige bewegende Kraft der Abfall des inneren Flüssigkeitsdrucks p an der betreffenden Stelle. Ist also $\mathfrak{v}$ der Vektor der Geschwindigkeit und ϱ die Masse der Volumeinheit, die beim Barometerstand B (mm) und der Celsiustemperatur t^0 für Luft den Wert rund $^1/_8$ kgm^{-4} sec^2, genauer

$$(1) \qquad \varrho = \frac{1{,}293}{9{,}81} \frac{B}{760} \left(1 - \frac{t^0}{273}\right) \text{kgm}^{-4} \text{sec}^2$$

hat**), so liefert das Newtonsche Grundgesetz der Mechanik,

---

*) Eine ausführliche Erörterung hierüber findet sich bei O. Martienssen[22]), S. 31—33.

**) In den Schriften ist statt ϱ meistens γ/g gesetzt, unter γ das spezifische Gewicht verstanden.

angewandt auf die Volumeinheit, die sogenannte Eulersche Bewegungsgleichung der Hydrodynamik in der Form

$$(2) \qquad \varrho \, \frac{d\mathfrak{v}}{dt} = -\operatorname{grad} p.$$

Zerlegt man die substantielle Beschleunigung $d\mathfrak{v}/dt$ in ihren lokalen und den stationären Bestandteil (Anh. XVII, S. 133), so kann man dafür auch schreiben:

$$\varrho \, \frac{\partial \mathfrak{v}}{\partial t} + \varrho \, \mathfrak{v} \operatorname{grad}. \mathfrak{v} = -\operatorname{grad} p$$

oder, indem man sich einer bekannten Rechenregel (Anh. IX) erinnert,

$$(3) \qquad \varrho \, \frac{\partial \mathfrak{v}}{\partial t} + \frac{\varrho}{2} \operatorname{grad} \mathfrak{v}^2 - \varrho \, [\mathfrak{v} \operatorname{rot} \mathfrak{v}] = -\operatorname{grad} p.$$

Hierin bedeutet $\operatorname{rot} \mathfrak{v}$ die doppelte Winkelgeschwindigkeit solcher Teilchen, die, wie man sagt, einem Wirbelbereich angehören. Nehmen wir an, daß die ganze Flüssigkeit wirbellos sei, so ist allenthalben

$$(4) \qquad \operatorname{rot} \mathfrak{v} = 0.$$

Von der Berechtigung dieser Annahme wird später die Rede sein. Setzen wir ferner voraus, daß die Ursache, welche die Bewegung veranlaßt hat, unbeschränkt lange Zeit zurückliegt, so daß die Bewegung ihren stationären Zustand erreicht hat, so geht (3) mit (4) und $\partial \mathfrak{v}/\partial t = 0$ über in

$$\operatorname{grad} \left(p + \frac{\varrho}{2}\, \mathfrak{v}^2 \right) = 0,$$

wonach in der ganzen Flüssigkeit für alle Zeit

$$(5) \qquad p + \frac{\varrho}{2}\, \mathfrak{v}^2 = \text{const},$$

d. h. auch vom Orte unabhängig wird, eine Beziehung, der man den Namen D. Bernoullis gegeben hat.

Dazu kommt als Bedingung dafür, daß nirgends Flüssigkeit entstehen oder vergehen soll, daß diese also quellen- und senkenfrei ist, die sogenannte Kontinuitätsgleichung

$$(6) \qquad \operatorname{div} \mathfrak{v} = 0,$$

die im Verein mit (5) gerade hinreichen wird, die Verteilung der Geschwindigkeit und des Druckes festzustellen.

Die Annahme (4) berechtigt uns, die Existenz eines skalaren Geschwindigkeitspotentiales φ vorauszusetzen (Anh. X):

$$(7) \qquad \mathfrak{v} = \operatorname{grad} \varphi,$$

während die Kontinuitätsgleichung Veranlassung gibt, ein Vektorpotential $\mathfrak{a}$ durch (Anh. XI)

$$(8) \qquad \mathfrak{v} = \operatorname{rot} \mathfrak{a}$$

einzuführen, dem man, unbeschadet seiner vollen Brauchbarkeit, wie bekannt, überdies noch die Bedingung

$$(9) \qquad \operatorname{div} \mathfrak{a} = 0$$

auferlegen darf. Dann aber wird (Anh. XII und XIV) zufolge (6) und (4)

$$(10) \qquad \begin{cases} \nabla^2 \varphi = 0, \\ \nabla^2 \mathfrak{a} = 0; \end{cases}$$

φ und die Komponenten von $\mathfrak{a}$ gehorchen der Laplaceschen Gleichung.

Die Flächen gleichen Geschwindigkeitspotentiales φ durchsetzen die Stromlinien allenthalben senkrecht. Denn ihre Normalen fallen überall in die Richtung stärksten Anstiegs von φ, d. h. in den Vektor $\operatorname{grad} \varphi = \mathfrak{v}$.

2. Hat man es insbesondere mit einer sogenannten zweidimensionalen oder ebenen Strömung zu tun, bei der in einer ausgezeichneten Richtung $\mathfrak{R}$ (zugehöriger Einheitsvektor $= \mathfrak{e}$) weder eine Komponente, noch ein Gradient der Geschwindigkeit vorhanden ist, so kann man die ganze Strömung in einer auf $\mathfrak{R}$ normalen xy-Ebene darstellen, wo die positive y-Achse aus der positiven x-Achse durch eine Drehung um 90° im Gegenzeigersinn hervorgehen mag. Bezeichnet man mit χ die $\mathfrak{R}$-Komponente des Vektors $\mathfrak{a}$, so daß $\mathfrak{a} = \chi\,\mathfrak{e}$ ist, mit v_x, v_y die Komponenten von $\mathfrak{v} = (v_x, v_y)$ und nennt man $\mathfrak{w} = [\mathfrak{e}\,\mathfrak{v}] = (-v_y, v_x)$ den Normalvektor von $\mathfrak{v}$, so hat man wegen $[\mathfrak{w}\,\mathfrak{e}] = \mathfrak{v} = \operatorname{rot} \mathfrak{a} = [\operatorname{grad} \chi\,\mathfrak{e}]$ hier statt (8):

$$(11) \qquad \mathfrak{w} = \operatorname{grad} \chi$$

in formaler Übereinstimmung mit (7).

Setzt man, die imaginäre Einheit i herbeiziehend,

$$(12) \qquad \psi = \varphi + i\chi,$$

so kann man (10) in die Differentialgleichung

$$(13) \qquad \nabla^2 \psi \equiv \frac{\partial^2 \psi}{\partial x^2} + \frac{\partial^2 \psi}{\partial y^2} = 0$$

zusammenfassen, der jede zweidimensionale Potentialströmung zu gehorchen hat.

Die Vektoren $\mathfrak{v}$ und $\mathfrak{w}$ von gleichem Betrag verhalten sich ihrer Richtung nach zueinander wie die positive x- und y-Achse. Zufolge (7) und (11) ist also

$$\operatorname{grad} \varphi \, \operatorname{grad} \chi = 0$$
$$|\operatorname{grad} \varphi| = |\operatorname{grad} \chi|.$$

Die erste dieser Gleichungen besagt, daß die Linien gleichen Potentials φ überall auf den Linien gleicher χ-Werte senkrecht stehen; somit fallen die letzteren mit den Stromlinien zusammen. Man nennt darum χ die Stromfunktion und zum Unterschied davon ψ gelegentlich die Strömungsfunktion.

Die zweite Gleichung drückt aus, daß die φ- und χ-Linien das Strömungsfeld in ein quadratisches Netz unterteilen, falls man diese Linien für äquidistante hinreichend benachbarte Parameterwerte aufträgt, die man kurzweg ebenfalls mit φ und χ zu bezeichnen pflegt; und offenbar kann jedes solche quadratische Netz als das Bild einer ebenen Potentialströmung angesehen werden.

Wo verschiedene φ-Linien sich schneiden, ist die Stromgeschwindigkeit unendlich groß, denn der Anstieg der φ-Werte wächst dort über alle Grenzen. Da an solchen Stellen nach (5) theoretisch ein unendlich großer Unterdruck entsteht, so heißen sie Saugpunkte. In Wirklichkeit ist dort eine Störung des inneren Zusammenhangs der Flüssigkeit zu befürchten (sogenannte Kavitation).

Wo eine φ-Linie sich selbst schneidet, ist die Stromgeschwindigkeit Null; denn der Anstieg der φ-Werte verschwindet dort. Solche Stellen heißen Staupunkte.

Solange man Quellen und Senken ausschließt, können die χ-Linien nirgends im Endlichen beginnen oder endigen; sie müssen sich etwaigen umflossenen oder den Strombereich begrenzenden Konturen anschmiegen. Die φ-Linien treffen senkrecht auf solchen Konturen auf und können im Endlichen außerdem nur in Saugpunkten entspringen.

Alle diese Aussagen lassen sich sinngemäß von der Ebene auf den Raum übertragen.

§ 2. Der dynamische Auftrieb.

1. Wir stellen zunächst fest, unter welchen Bedingungen eine stationäre, inkompressible, wirbel- und quellenfreie, reibungslose Strömung überhaupt dynamische Auftriebskräfte zu erzeugen vermag.

Hat man es mit einem einzelnen, endlichen Körper in einem allseitig ausgebreiteten Medium zu tun, so wird in hinreichend großer Entfernung von ihm die Strömung nahezu durch den konstanten Geschwindigkeitsvektor $\mathfrak{v}_\infty$ dargestellt. Man sieht dann leicht ein, daß ein sehr großer, sich ins Unendliche erweiternder Zylinder, dessen Erzeugende parallel zu $\mathfrak{v}_\infty$ sind, keinerlei Druckresultante erfährt; da überdies durch seine beiden Deckflächen hindurch der Bewegungsimpuls in seinem Inneren insgesamt weder zu- noch abnimmt, so besagt das Prinzip der Gleichheit von Wirkung und Gegenwirkung:

I. Ein einzelner, endlicher Körper in einer allseitig ausgebreiteten Strömung erfährt keinen dynamischen Auftrieb.

Den strengen Beweis dieses praktisch bedeutungslosen Satzes unterdrücken wir. Der Widerspruch, der in dem Ergebnis noch steckt, wird sich sogleich lösen. Ferner gilt:

II. Sind mehrere Körper vorhanden, so kann jeder von ihnen einen dynamischen Auftrieb erfahren.

Denn nur das Gesamtsystem ist auftriebsfrei.

Ob der einzelne Körper einfach zusammenhängt oder mehrfach, d. h. ob jede geschlossene Kurve in seinem Inneren auf einen Punkt zusammengezogen werden kann oder nicht, ohne daß sie aus dem Körper heraustritt, ist dabei gleichgültig.

Ein zweifach zusammenhängender Körper ist z. B. ein Ring. Allerdings ist es hier möglich und mit den Eigenschaften der φ-Flächen verträglich, daß eine Stromlinie, je nachdem sie außen am Ring vorbei oder durch die Ringöffnung hindurchzieht, eine verschiedene Anzahl von Flächen gleichen Potentials durchsetzt, wie dies in Fig. 2 angedeutet ist, die einen Schnitt durch die Symmetrieachse des Ringes darstellt. Dem starken Anstieg der φ-Werte in der Ringöffnung entsprechen daselbst große Geschwindigkeiten, nach der Bernoullischen Formel also geringe Drücke. Die Gesamtresultante aber verschwindet nach wie vor.

Das Bild der (nicht gezeichneten) Stromlinien kann angesehen werden als die Überlagerung eines geradlinigen Flusses $\mathfrak{v}_\infty$ mit einer nach Art eines Wirbelringes den Körper umschlingenden, durch gestrichelte Linien angedeuteten Strömung $\mathfrak{v}'$.

Wir denken uns nun den Durchmesser des Ringes über alle Grenzen wachsen, wobei wir einen ganz beliebigen Punkt des Ringes im Endlichen festhalten. So entsteht ein Körper, der mit zwei Armen ins Unendliche greift; das Bild der φ-Flächen hat sich inzwischen in Fig. 3 verwandelt. Die Geschwindigkeit der bei A vorbeistreichenden Teilchen ist größer als bei B, und nach

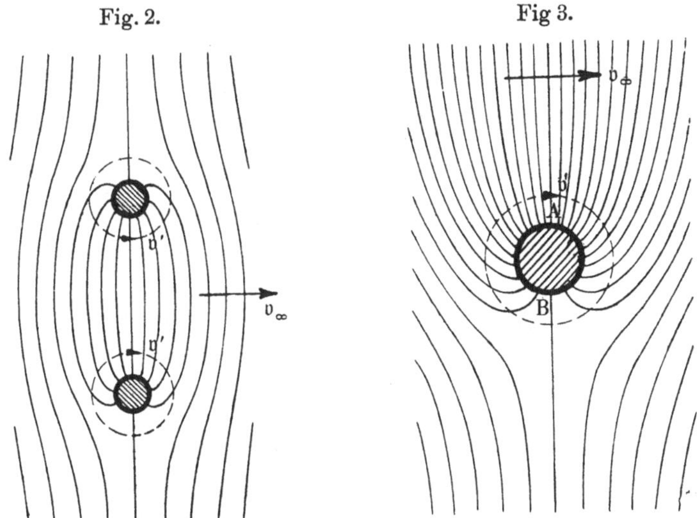

§ 1 (5) ist eine Druckresultante von der Richtung $B \longrightarrow A$ die Folge. Der Parallelströmung $\mathfrak{v}_\infty$ ist jetzt überlagert eine im Uhrzeigersinn um die Kontur kreisende Zirkulation $\mathfrak{v}'$, die sich, im Unterschied von Fig. 2, längs dem Körper bis ins Unendliche erstreckt. Der Zusammenhang des Potentiallinienbildes Fig. 3 mit dem Stromlinienbild Fig. 1 ist leicht ersichtlich, vorausgesetzt, daß man dort die Wirbel im Kielwasser wegläßt und der verschiedenen Gestalt der Konturen Rechnung trägt.

III. Ein mit mindestens zwei Armen ins Unendliche greifender Körper kann einen dynamischen Auftrieb erfahren.

Ähnlich liegt der Fall, wenn die Strömung nach einer Seite hin durch eine sich allseitig ins Unendliche erstreckende Fläche, z. B. eine Ebene, begrenzt wird. Insbesondere gilt dann:

IV. Ein Körper, der die Begrenzung einer einseitig ausgebreiteten Strömung mit mindestens zwei Armen erreicht, kann einen dynamischen Auftrieb erfahren.

Beim wirklichen Flug liegt nun tatsächlich stets der Fall IV oder III vor, je nachdem man die Nähe der Erdoberfläche berücksichtigt oder nicht. Es wird sich nämlich zeigen, daß alle Flügelflächen die Eigenschaft besitzen, mindestens von ihren Enden je einen Wirbelfaden abzulösen, der theoretisch beiderseits ins Unendliche oder bis zur Erdoberfläche reicht und den Flügel wenigstens scheinbar bis dahin fortsetzt, allerdings praktisch infolge der inneren Luftreibung schon bald der Vernichtung anheimfällt.

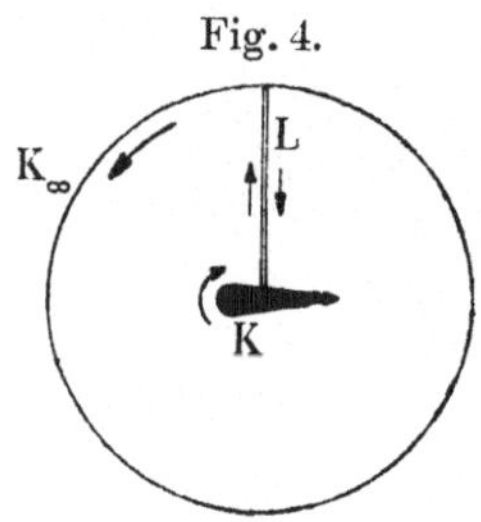

2. Besonders wichtig ist der Fall, daß der Körper ein unendlich langer Zylinder von beliebiger Querschnittsform K ist, dessen Erzeugende auf dem Vektor $\mathfrak{v}_\infty$ senkrecht stehen. Es genügt dann, die Verhältnisse in irgendeiner zu den Erzeugenden normalen Bildebene zu untersuchen, die wir als Repräsentation einer Schicht von der Dicke 1 betrachten, eingeschlossen zwischen ihr und einer zu ihr parallelen Ebene im Abstand 1. Um die einzige Kontur K (Fig. 4) denken wir uns einen Kreis K_∞ von unbegrenzt wachsendem Radius R geschlagen und nennen $\mathfrak{P}$ und $\mathfrak{Q}$ die Kräfte, welche die Strömung auf die über den Konturen K und K_∞ aufgebauten Zylinder von der Länge 1 ausübt.

Die Kraft $\mathfrak{P}$ findet nach dem Impulssatz der Mechanik ihre Gegenwirkung einerseits in der Kraft

$$\mathfrak{Q} = \oint\limits^{K_\infty} p\,\mathfrak{n}\,ds,$$

wo ds ein Bogenelement von K_∞ und $\mathfrak{n}$ ein Einheitsvektor in der Richtung der äußeren Normalen von K_∞ sein soll; andererseits aber möglicherweise in einer auf die Einheit der Zeit und der Schichtdicke bezogenen Zunahme des Impulses $\mathfrak{J}$ der Flüssigkeit in dem von K und K_∞ eingeschlossenen Bereich. Diese Zunahme ist offenbar identisch mit der Summe der Bewegungsgrößen $\mathfrak{v}\, dm$ aller in der Zeiteinheit durch den Mantel eines Zylinders K_∞ von der Höhe 1 hereinströmenden Teilchen, nämlich

$$\frac{d\mathfrak{J}}{dt} = - \varrho \oint\limits^{K_\infty} \mathfrak{v} \cdot \mathfrak{v}\, \mathfrak{n}\, ds,$$

so daß der Impulssatz

$$(1) \qquad \mathfrak{P} + \mathfrak{Q} = \frac{d\mathfrak{J}}{dt}$$

die Form annimmt:

$$(2) \qquad \mathfrak{P} = - \oint\limits^{K_\infty} (p\, \mathfrak{n} + \varrho\, \mathfrak{v} \cdot \mathfrak{v}\, \mathfrak{n})\, ds.$$

Die Geschwindigkeit $\mathfrak{v}$ dürfen wir uns zusammengesetzt denken aus einer gleichmäßigen Parallelströmung $\mathfrak{v}_\infty$ und einer zweiten Strömung $\mathfrak{v}'$, welche die ursprüngliche $\mathfrak{v}_\infty$ so abändert, daß sie sich der Kontur K anpaßt. Vom Vektor $\mathfrak{v}'$ können wir, vorbehaltlich späterer Begründung (§ 5, **4**), voraussetzen, daß sein Betrag mit wachsendem R mindestens wie $1/R$ abnimmt und daß, bis auf einen Fehler von der Größenordnung $1/R^2$, $\mathfrak{v}'$ längs K_∞ einen konstanten, tangentialen Fluß bedeutet.

Mit $\mathfrak{v} = \mathfrak{v}_\infty + \mathfrak{v}'$ und der Bernoullischen Formel § 1 (5), S. 5 läßt sich (2) umschreiben in

$$(3) \qquad \mathfrak{P} = - \left(\mathrm{const} - \frac{\varrho}{2}\, \mathfrak{v}_\infty^2\right) \oint\limits^{K_\infty} \mathfrak{n}\, ds + \varrho \oint\limits^{K_\infty} \left(\frac{\mathfrak{v}'^2}{2} \cdot \mathfrak{n} - \mathfrak{v}' \cdot \mathfrak{v}'\, \mathfrak{n}\right) ds$$

$$- \varrho\, \mathfrak{v}_\infty \cdot \oint\limits^{K_\infty} \mathfrak{v}\, \mathfrak{n}\, ds - \varrho \oint\limits^{K_\infty} (\mathfrak{v}' \cdot \mathfrak{v}_\infty\, \mathfrak{n} - \mathfrak{n} \cdot \mathfrak{v}' \mathfrak{v}_\infty)\, ds.$$

Von den vier Integralen rechter Hand verschwindet das erste nach Anh. XIX, das zweite als unendlich klein von der Ordnung $1/R$, wenn K_∞ sich ins Unendliche erweitert. Bedeutet ferner F die von K und K_∞ begrenzte Fläche, so ist nach dem Gauß-schen Satze (Anh. XXI) und wegen $\operatorname{div} \mathfrak{v} = 0$:

$$0 = \int\limits^{F} \operatorname{div} \mathfrak{v}\, df = \oint\limits^{K + K_\infty} \mathfrak{v}\, \mathfrak{n}\, ds = \oint\limits^{K_\infty} \mathfrak{v}\, \mathfrak{n}\, ds,$$

da längs K überall $\mathfrak{v} \perp \mathfrak{n}$, also $\mathfrak{v}\, \mathfrak{n} = 0$ sein muß. Auch das dritte Integral verschwindet demnach.

Das allein noch übrig bleibende vierte Integral faßt man nach Anh. II zusammen und formt es, wie folgt, um:

$$(4) \qquad -\varrho \oint^{K_\infty} \big[\mathfrak{v}_\infty\,[\mathfrak{v}'\,\mathfrak{n}]\big]\,ds = -\varrho\,\mathfrak{w}_\infty\cdot\oint^{K_\infty} \mathfrak{v}'\,d\mathfrak{r},$$

indem man den Normalvektor $\mathfrak{w}_\infty$ von $\mathfrak{v}_\infty = [\mathfrak{w}_\infty\,\mathfrak{e}]$ zu Hilfe nimmt und mit $d\mathfrak{r}$ den Vektor des Bogenelementes bezeichnet ($|d\mathfrak{r}| = ds$). In der Tat ist sowohl $\big[\mathfrak{v}_\infty\,[\mathfrak{v}'\,\mathfrak{n}]\big]\,ds$ wie $\mathfrak{w}_\infty\cdot\mathfrak{v}'\,d\mathfrak{r}$ ein Vektor vom Betrag $|\mathfrak{v}_\infty||\mathfrak{v}'|\,ds$ und von der Richtung $\pm\,\mathfrak{w}_\infty$, je nachdem $\mathfrak{v}'$ und $d\mathfrak{r}$ gleich oder entgegengesetzt orientiert sind. Es ist demnach

$$\mathfrak{P} = -\varrho\,\mathfrak{w}_\infty\cdot\oint^{K_\infty}\mathfrak{v}'\,d\mathfrak{r} = -\varrho\,\mathfrak{w}_\infty\cdot\oint^{K_\infty}\mathfrak{v}\,d\mathfrak{r};$$

denn nach Anh. XVIII verschwindet auch

$$\oint^{K_\infty}\mathfrak{v}_\infty\,d\mathfrak{r} = \mathfrak{v}_\infty\oint^{K_\infty}d\mathfrak{r}.$$

Verbindet man schließlich, wie in Fig. 4 geschehen, K und K_∞ durch eine Doppellinie L, so ergibt der Stokessche Satz (Anh. XXIII), wenn man berücksichtigt, daß L zweimal in entgegengesetztem Sinn durchlaufen wird und daß nach wie vor im ganzen Strombereich $\mathrm{rot}\,\mathfrak{v} = 0$ vorausgesetzt wird,

$$\oint^{K+L+K_\infty}\mathfrak{v}\,d\mathfrak{r} = \oint^{K}\mathfrak{v}\,d\mathfrak{r} + \oint^{K_\infty}\mathfrak{v}\,d\mathfrak{r} = \int^{F}df\,\mathrm{rot}\,\mathfrak{v} = 0.$$

Man nennt nach einem Vorschlag von Lord Kelvin*)

$$(5) \qquad c = \oint^{K}\mathfrak{v}\,d\mathfrak{r} = \oint^{K_\infty}\mathfrak{v}\,d\mathfrak{r}$$

die Zirkulation, die demnach auch auf jeder beliebigen anderen Kurve K_∞ gemessen werden kann, falls diese sich in K deformieren läßt, ohne daß man Stellen, wo $\mathrm{rot}\,\mathfrak{v} \neq 0$ ist, zu überschreiten braucht.

Nunmehr ist die Größe des auf die Längeneinheit des Zylinders bezogenen Auftriebs, die sogenannte Auftriebsdichte, in der einfachen Formel gefunden:

$$(6) \qquad \mathfrak{P} = \varrho\,c\,\mathfrak{w}_\infty,$$

die von W. M. Kutta[18][19] und N. Joukowsky[15] stammt.

---

*) W. Thomson, Edinb. Roy. Soc. Trans. **25** (1868).

Führt man in (5) das Geschwindigkeitspotential φ ein, so hat man

$$c = \oint_{}^{K} \operatorname{grad} \varphi \, d\mathfrak{r} = \oint_{}^{K} d\varphi,$$

woraus hervorgeht, daß die Zirkulation nur dann von Null verschieden sein kann, wenn das Potential mehrwertig ist, so daß man nach einem Umlauf längs einer geschlossenen Kurve nicht mehr notwendig zum alten Wert φ zurückzukommen braucht. Die Konstante c, welche die Zunahme von φ auf einem solchen Zyklus angibt, heißt **zyklische Konstante**.

Wir setzen hier die physikalische Möglichkeit eines mehrwertigen Potentials einfach voraus, behalten uns aber vor, später den Mechanismus der Entstehung einer Zirkulation genauer zu verfolgen (§ 17, **1**).

3. Ein der Kutta-Joukowskyschen Formel (6) ähnlicher Ausdruck läßt sich für das Moment $\mathfrak{M}$ der Kraft $\mathfrak{P}$ gewinnen, bezogen auf irgendeinen im Endlichen gelegenen Punkt und positiv gerechnet im Gegenzeigersinn, so daß also der Vektor $\mathfrak{M}$, falls positiv, von der Bildebene dem Beschauer zugewandt ist. Bezeichnet $\mathfrak{r}$ den vom Bezugspunkt nach dem Element ds hin gezogenen Fahrstrahl, so ergibt jetzt der Satz vom Drehimpuls analog zu (2):

$$\mathfrak{M} = -\oint_{}^{K_\infty} (p\,[\mathfrak{r}\mathfrak{n}] + \varrho\,[\mathfrak{r}\mathfrak{v}].\mathfrak{v}\,\mathfrak{n})\, ds.$$

Von den der rechten Seite in (3) entsprechenden vier Integralen verschwinden die beiden ersten nach Anh. XX bzw. als unendlich klein, weil $\mathfrak{v}'\mathfrak{n}$ mindestens von der Ordnung $1/R^2$ bleibt.

Statt dem dritten Integral kommt nach Anh. XXII und XV, insofern das zugehörige Randintegral über K wieder Null ist,

$$-\varrho\oint_{}^{K_\infty}[\mathfrak{r}\,\mathfrak{v}_\infty].\mathfrak{v}\,\mathfrak{n}\,ds = \varrho\left[\mathfrak{v}_\infty\oint_{}^{K_\infty}\mathfrak{r}.\mathfrak{v}\,\mathfrak{n}\,ds\right] = \varrho\left[\mathfrak{v}_\infty\int_{}^{F}df\operatorname{grad}\mathfrak{v}.\mathfrak{r}\right]$$

$$= \varrho\left[\mathfrak{v}_\infty\int_{}^{F}df\,\mathfrak{r}\operatorname{div}\mathfrak{v}\right] + \varrho\left[\mathfrak{v}_\infty\int_{}^{F}df\,\mathfrak{v}\operatorname{grad}.\mathfrak{r}\right].$$

Das erste der beiden zuletzt angeschriebenen Integrale verschwindet wegen $\operatorname{div}\mathfrak{v} = 0$, das zweite wird nach Anh. VIII sowie § 1 (11), S. 6 gleich

$$\varrho\left[\mathfrak{v}_\infty\int\limits^{F}\mathfrak{v}\,df\right]=\varrho\left[\mathfrak{w}_\infty\int\limits^{F}\mathfrak{w}\,df\right]=\varrho\left[\mathfrak{w}_\infty\int\limits^{F}\operatorname{grad}\chi\,df\right].$$

Wendet man auf die Komponenten des Vektors $\int\operatorname{grad}\chi\,df$ den Gaußschen Satz (Anh. XXI) an, so kommt:

$$\int\limits^{F}\operatorname{grad}\chi\,df=\oint\limits^{K}\chi\,\mathfrak{n}\,ds+\oint\limits^{K_\infty}\chi\,\mathfrak{n}\,ds.$$

Längs der Stromlinie K ist aber χ konstant, womit nach Anh. XIX das erste Integral rechts verschwindet. Da voraussetzungsgemäß in der Nähe des Kreises K_∞ die Stromlinien bis auf einen Fehler von der Ordnung $1/R^2$ mit $\mathfrak{v}_\infty$ parallel verlaufen und demnach ihre Parameterwerte χ sich nicht merklich unterscheiden in je zwei Punkten von K_∞, welche symmetrisch liegen zu dem mit $\mathfrak{w}_\infty$ parallelen Durchmesser, so bedeutet das über K_∞ erstreckte Integral $\int\chi\,\mathfrak{n}\,ds$ offenbar einen zu $\mathfrak{w}_\infty$ parallelen Vektor, bis auf einen Fehler, der, da K_∞ selbst mit R wächst, die Größenordnung $1/R$ erreicht haben kann. Infolgedessen verschwindet wie $1/R$ mit

$$\varrho\left[\mathfrak{w}_\infty\int\limits^{F}\operatorname{grad}\chi\,df\right]$$

auch das dritte der vier Integrale, die der rechten Seite von (3) entsprechen.

Das vierte Integral endlich läßt sich analog zu (4) umformen in

$$-\varrho\oint\limits^{K_\infty}\left[\mathfrak{r}\left[\mathfrak{v}_\infty[\mathfrak{v}'\mathfrak{n}]\right]\right]ds=+\varrho\left[\mathfrak{w}_\infty\oint\limits^{K_\infty}\mathfrak{r}\cdot\mathfrak{v}'\,d\mathfrak{r}\right].$$

Da jeder endliche Bezugspunkt als Mittelpunkt von K_∞ gelten kann, so ist aus Symmetriegründen

$$\oint\limits^{K_\infty}\mathfrak{r}\cdot\mathfrak{v}_\infty\,d\mathfrak{r}$$

ebenfalls ein zu $\mathfrak{w}_\infty$ paralleler Vektor und folglich

$$\mathfrak{M}=\varrho\left[\mathfrak{w}_\infty\oint\limits^{K_\infty}\mathfrak{r}\cdot\mathfrak{v}\,d\mathfrak{r}\right].$$

Nun wird nach Anh. XXIV, XVI und VIII

$$\oint_{K+L+K_\infty} d\mathfrak{r}\,\mathfrak{v}.\mathfrak{r} = \oint_{K} \mathfrak{r}.\mathfrak{v}\,d\mathfrak{r} + \oint_{K_\infty} \mathfrak{r}.\mathfrak{v}\,d\mathfrak{r} = \int_{F} d\mathfrak{f}\,[\operatorname{grad}\mathfrak{v}].\mathfrak{r}$$

$$= \int_{F} \mathfrak{r}.d\mathfrak{f}\operatorname{rot}\mathfrak{v} + \int_{F} [\mathfrak{v}\,d\mathfrak{f}]\operatorname{grad}.\mathfrak{r} = 0 - \int_{F} \mathfrak{w}\,df,$$

insofern $\operatorname{rot}\mathfrak{v} = 0$ und $[\mathfrak{v}\,d\mathfrak{f}] = -\mathfrak{w}\,df$ ist. Weil wieder $[\mathfrak{w}_\infty \int \mathfrak{w}\,df]$, wie vorhin, mit der Ordnung $1/R$ verschwindet, so erhält man:

$$\mathfrak{M} = \varrho\left[\mathfrak{w}_\infty \oint_{K} \mathfrak{r}.\mathfrak{v}\,d\mathfrak{r}\right].$$

Führt man also das statische Moment der Zirkulation

$$(7) \qquad\qquad \mathfrak{m} = \oint_{K} \mathfrak{r}.\mathfrak{v}\,d\mathfrak{r}$$

ein, so hat man für das Moment der Auftriebsdichte die Formel gewonnen [13]:

$$(8) \qquad\qquad \mathfrak{M} = \varrho\,[\mathfrak{m}\,\mathfrak{w}_\infty].$$

4. Nennt man den Punkt mit dem Fahrstrahl

$$(9) \qquad\qquad \mathfrak{r}_0 = \frac{\mathfrak{m}}{c}$$

den Schwerpunkt der Zirkulation, so kann man (6) mit (8) verbinden

$$(10) \qquad\qquad \mathfrak{M} = [\mathfrak{r}_0\,\mathfrak{P}]$$

und die Ergebnisse so zusammenfassen:

Die Auftriebsdichte hat die Größe $\varrho\,c\,|\mathfrak{v}_\infty|$; sie fällt in die Richtung des Normalvektors $\mathfrak{w}_\infty$ von $\mathfrak{v}_\infty$, falls die Zirkulation im Uhrzeigersinne positiv ist, und ihre Angriffslinie geht durch den Schwerpunkt der Zirkulation.

Das Problem ist hiermit auf die Aufgabe zurückgeführt, die Stärke und den Schwerpunkt der Zirkulation in jedem Falle zu ermitteln.

§ 3. Die Blasiusschen Formeln.

1. Die Ausdrücke § 2 (5) bis (8) lassen an Durchsichtigkeit zwar nichts zu wünschen übrig; da man jedoch zurzeit noch keine ausgebildeten Methoden kennt, die Geschwindigkeit $\mathfrak{v}$ vektoranalytisch für vorgegebene Berandungen K darzustellen, so eignen sie sich nicht eben gut für die wirkliche Berechnung der für die Kenntnis von $\mathfrak{P}$ und $\mathfrak{M}$ wichtigen Größen c und $\mathfrak{m}$; überdies sind sie an die beschränkende Voraussetzung geknüpft, daß die Strömung außerhalb der einzigen Kontur K sich in der ganzen Ebene regelmäßig verhält.

Es empfiehlt sich, von der imaginären Einheit i einen weit über die Funktion ψ von § 1 (12), S. 6 hinausgehenden Gebrauch zu machen. Fassen wir die kartesischen Koordinaten x, y, welche die Strömungsebene ausmessen, in der komplexen Variabeln $z = x + iy$ zusammen und ist $u(z)$ irgendeine Funktion, welche die Koordinaten x und y nur noch in der Form z enthält, im übrigen gewisse Eigenschaften der Stetigkeit, Endlichkeit und Differentiierbarkeit besitzt, die sich für unsere Zwecke von selbst verstehen, so heißt u eine **analytische Funktion** von z; man denkt sie sich in reellen und imaginären Teil zerlegt:

$$u(z) = p(x, y) + i\, q(x, y)$$

und hat dann einerseits:

$$\frac{\partial u}{\partial x} = \frac{\partial p}{\partial x} + i\,\frac{\partial q}{\partial x}$$

$$\frac{\partial u}{\partial y} = \frac{\partial p}{\partial y} + i\,\frac{\partial q}{\partial y};$$

andererseits ist offenbar

$$\frac{\partial u}{\partial x} = \frac{\partial u}{\partial (iy)} = \frac{1}{i}\,\frac{\partial u}{\partial y}.$$

Daraus folgt:

$$i\left(\frac{\partial p}{\partial x} + i\,\frac{\partial q}{\partial x}\right) = \frac{\partial p}{\partial y} + i\,\frac{\partial q}{\partial y}$$

oder, indem man auf beiden Seiten die reellen und die imaginären Teile vergleicht,

$$(1) \qquad \begin{cases} \dfrac{\partial p}{\partial x} = \dfrac{\partial q}{\partial y} \\[2ex] \dfrac{\partial p}{\partial y} = -\dfrac{\partial q}{\partial x}. \end{cases}$$

Diese Beziehungen stellen dieselbe Verknüpfung zwischen p und q her, wie sie vermöge § 1 (7) und (11) zwischen Geschwindigkeitspotential φ und Stromfunktion χ besteht, und man leitet ıs ihnen sofort dieselbe Differentialgleichung ab, der auch φ, und ψ zu gehorchen hatten,

$$\nabla^2 p = 0, \qquad \nabla^2 q = 0, \qquad \nabla^2 u = 0.$$

Jede analytische Funktion u kann, wenn sie sich sonst lazu eignet, die Rolle der Strömungsfunktion ψ überıehmen; ihr Real- und Imaginärteil bilden das Gechwindigkeitspotential und die Stromfunktion.

Aber auch der Differentialquotient v einer solchen Funktion ʋ nach z ist natürlich eine analytische Funktion; er hat eine ıinfache Bedeutung. Da nämlich zufolge § 1 (7) und (11)

$$\frac{d\psi}{dz} = \frac{\partial\varphi}{\partial x} + i\frac{\partial\chi}{\partial x} = v_x - iv_y$$

ʂt, so mag

(2)
$$v = \frac{d\psi}{dz} = v_x - iv_y$$

kurz die Geschwindigkeit im Punkte z heißen. Wegen

$$|v|^2 = v_x^2 + v_y^2 = \mathfrak{v}^2$$

ʻind überdies die absoluten Beträge von v und $\mathfrak{v}$ einander gleich.

2. Es soll nun $\mathfrak{P}$ und $\mathfrak{M}$ noch auf eine zweite Weise darɡestellt werden, und zwar durch unmittelbare Summierung der Drücke p, welche die einzelnen Elemente der Kontur erfahren. Nach der Bernoullischen Formel und mit Rücksicht darauf, daß lie aus § 1 (5), S. 5 eingehende Konstante bei der Integration wegen Anh. XIX und XX keinen Beitrag liefert, wird sein

$$(3)\quad
\begin{cases}
\mathfrak{P} = -\dfrac{\varrho}{2}\oint\limits^{K}(v_x^2 + v_y^2)\,\mathfrak{n}\,ds \\[3mm]
\mathfrak{M} = -\dfrac{\varrho}{2}\oint\limits^{K}(v_x^2 + v_y^2)\,[\mathfrak{r}\,\mathfrak{n}]\,ds,
\end{cases}$$

wo $\mathfrak{n}$ jetzt sinngemäß die Richtung der inneren Normale von K hat.

Es ist zweckdienlich, mit einem senkrecht zur z-Ebene und Jem Beschauer zu gerichteten Einheitsvektor $\mathfrak{e}$ neben $\mathfrak{P}$ und $\mathfrak{M}$ ɑoch einen dritten Vektor $\mathfrak{N}$ durch

$$\mathfrak{N} = -\mathfrak{e}\,\frac{\varrho}{2}\oint\limits^{K}(v_x^2 + v_y^2)\,\mathfrak{r}\,\mathfrak{n}\,ds$$

zu definieren, der eine mechanische Bedeutung zwar nicht hat, aber eine formal elegantere Rechnung ermöglicht. Führt man nämlich, indem man $z = 0$ zum Bezugspunkt wählt (Fig. 5), durch

$$(4) \qquad \begin{cases} n_x\, ds = ds \cos(\mathfrak{n}, x) = dy \\ n_y\, ds = ds \cos(\mathfrak{n}, y) = -\, dx \end{cases}$$
$$r_x = x \qquad r_y = y$$

die Koordinaten x, y eines Kurvenpunktes in (3) ein, so kann man die Kraftkomponenten P_x, P_y und die Vektoren $\mathfrak{M}$, $\mathfrak{N}$ in der Form

$$(5) \qquad P \equiv P_y + i\,P_x = \frac{\varrho}{2} \oint^K (v_x^2 + v_y^2)\,(dx - i\,dy)$$

$$(6) \qquad \mathfrak{T} \equiv \mathfrak{M} + i\,\mathfrak{N} = \mathfrak{e}\,\frac{\varrho}{2} \oint^K (v_x^2 + v_y^2)\,(x + iy)\,(dx - i\,dy)$$

zusammenfassen.

Wir wollen zeigen, daß P und $\mathfrak{T}$ sich auch darstellen lassen als Integrale von Funktionen der komplexen Veränderlichen z.

Die Kurve K ist eine Stromlinie (§ 1, 2); längs ihr muß die Geschwindigkeit überall die Richtung der Tangente haben, d. h. es muß $v_x : v_y = dx : dy$ oder

$$(7) \qquad v_x\, dy - v_y\, dx = 0$$

sein. Addiert man aber zu (5) das demnach identisch verschwindende Integral

$$\varrho\, i \oint^K (v_x - i\,v_y)\,(v_x\, dy - v_y\, dx)$$

und zu (6) das ebenfalls verschwindende Integral

$$\mathfrak{e}\,\varrho i \oint^K (v_x - i\,v_y)\,(x + iy)\,(v_x\, dy - v_y\, dx),$$

so folgt

$$P = \frac{\varrho}{2} \oint^K (v_x^2 - v_y^2 - 2\,i\,v_x v_y)\,(dx + i\,dy)$$

oder nach (2)

$$(8) \qquad P = \frac{\varrho}{2} \oint^K v^2\, dz$$

und ebenso

$$(9) \qquad \mathfrak{T} = \mathfrak{e}\,\frac{\varrho}{2} \oint^K v^2 z\, dz,$$

womit unsere Behauptung bewiesen ist. Die nachträgliche Spaltung in reellen und imaginären Teil ergibt dann P_y, P_x und $\mathfrak{M}$, während $\mathfrak{N}$ bedeutungslos bleibt.

Die Formeln (8) und (9), zuerst angegeben von H. Blasius[3]), sind grundlegend für die ganze Theorie der Auftriebskräfte. Sie sind, unabhängig davon wie sich die Strömung sonst verhält, nur an die Bedingung geknüpft, daß die rechtsseitigen Integrale konvergieren. Dies tritt sicher ein, wenn die Funktion $v(z)$, deren Bestimmung im einzelnen Falle unsere spätere Aufgabe sein wird, auf der Kontur K überall endlich bleibt, mögen außerhalb Saugpunkte vorhanden sein oder nicht.

3. Nun kommt es aber praktisch nicht selten vor, daß die Konturen ein- oder ausspringende Ecken besitzen, und es bedarf einer Entscheidung darüber, wie sich v an solchen Stellen verhält. Legen wir uns zu dem Zwecke mit einer reellen Konstanten C die Funktion

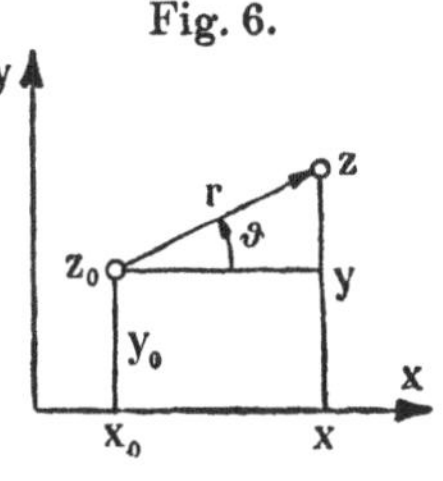

Fig. 6.

$$(10) \qquad v = C(z - z_0)^{\frac{1}{\mu} - 1}$$

vor, wo z_0 ein fester Punkt x_0, y_0 und μ eine positive, von Null verschiedene Zahl sein soll, von der wir, wie sich zeigen wird, voraussetzen dürfen, daß sie nicht größer als 2 ist. Die Strömungsfunktion berechnet sich nach (2) durch eine Integration mit Unterdrückung einer belanglosen additiven Konstanten

$$(11) \qquad \psi = \mu\, C(z - z_0)^{\frac{1}{\mu}}.$$

Benutzt man die aus Fig. 6 ersichtlichen Polarkoordinaten r, ϑ, d.h. setzt man

$$z - z_0 = (x - x_0) + i(y - y_0) = r(\cos\vartheta + i\sin\vartheta) = r\,e^{i\vartheta},$$

so wird

$$\psi = \mu\, C r^{\frac{1}{\mu}} e^{\frac{i\vartheta}{\mu}} = \mu\, C r^{\frac{1}{\mu}} \left(\cos\frac{\vartheta}{\mu} + i\sin\frac{\vartheta}{\mu}\right).$$

Der Imaginärteil gibt die Stromfunktion

$$(12) \qquad \chi = \mu\, C r^{\frac{1}{\mu}} \sin\frac{\vartheta}{\mu},$$

d.h. eine Kurvenschar, die den Fahrstrahl $\vartheta = \frac{1}{2}\mu\pi$ zur Symmetrieachse und die Fahrstrahlen $\vartheta = 0$ und $\vartheta = \mu\pi$ zu Asymptoten hat, da für diese Azimute r über alle Grenzen wächst. In den Fig. 7 bis 9 sind die Stromlinien für $\mu = \frac{1}{2}$ (Hyperbeln), $\mu = \frac{3}{2}$ und $\mu = 2$ (konfokale Parabeln) gezeichnet; die Staupunkte sollen auch weiterhin stets durch kleine Quadrate, die Saugpunkte durch Ringe markiert werden.

Aus (10) geht hervor:

An einer ein- bzw. ausspringenden Ecke vom Winkel $\mu\pi$ wird die Geschwindigkeit Null bzw. unendlich von der Ordnung $\left|\dfrac{1}{\mu} - 1\right|$.

Allerdings werden wir auch Fällen von der Art begegnen, wo durch Überlagerung verschiedener Strömungen die Geschwin-

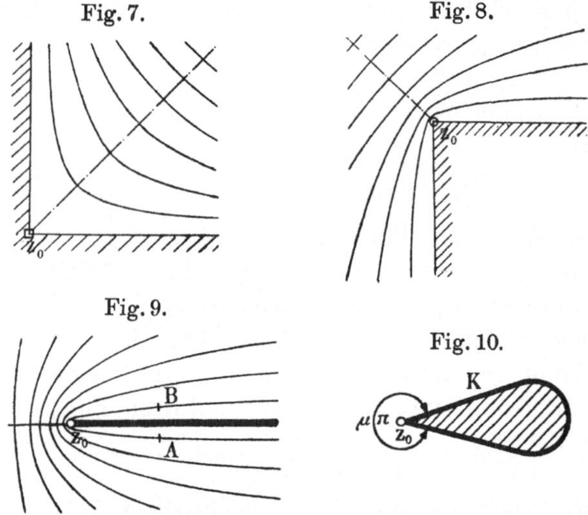

Fig. 7.

Fig. 8.

Fig. 9.

Fig. 10.

digkeit an ausspringenden Ecken endlich bleibt (z. B. an der Hinterkante der Flügelflächen).

Wenn nun eine Kontur K (Fig. 10) in einem ihrer Punkte z_0 eine Ecke vom Außenwinkel $\mu\pi$ besitzt, so verhält sich in der Umgebung von z_0 die Geschwindigkeit wie die Funktion (10). Sie darf, damit die Integrale (8) und (9) konvergieren, von weniger als $\frac{1}{2}$ ter Ordnung unendlich werden, d. h. es muß

$$1 - \frac{1}{\mu} < \frac{1}{2}$$

oder

$$\mu < 2$$

sein. Aber auch der Wert $\mu = 2$ ist noch zulässig (Fig. 9). Ersetzen wir, um das für diesen theoretisch oft vorkommenden Fall zu begründen, die unendlich dünne Kontur dort zunächst durch eine benachbarte parabolische Stromlinie $A\,z_0\,B$, so wird nach (10)

$$v^2 = \frac{C^2}{z - z_0},$$

so daß die Auftriebsdichte daselbst den Wert

$$P = \lim \frac{\varrho}{2}\, C^2 \int_A^B \frac{dz}{z - z_0} = \lim \frac{\varrho}{2}\, C^2 \int_A^B d\,\mathrm{lgnat}\,(z - z_0)$$

$$= \lim \frac{\varrho}{2}\, C^2 \left(\int_A^B d\,\mathrm{lgnat}\,r + i \int_A^B d\vartheta \right)$$

annimmt, wo die Integrale längs einer zur Kontur eng benachbarten parabolischen Stromlinie laufen, und zwar zwischen den Punkten A und B, die symmetrisch und in solcher Entfernung von z_0 gelegen sind, daß bis dorthin die Unstetigkeit z_0 ihren Einfluß merklich verloren hat. Dies gibt, da

$$\mathrm{lgnat}\,r_A = \mathrm{lgnat}\,r_B$$
$$\lim \vartheta_A = 2\,\pi \qquad \lim \vartheta_B = 0$$

ist,

$$(13) \qquad P = -i\pi\varrho\,C^2 \quad \text{oder} \quad \begin{cases} P_x = -\pi\varrho\,C^2 \\ P_y = 0. \end{cases}$$

Eine schneidenförmige Kante z_0 erzeugt demnach eine Saugkraft von der Dichte $\pi\varrho\,C^2$, wenn sich dort die Geschwindigkeit wie $C/\sqrt{z - z_0}$ verhält.

Dabei ist aber natürlich vorausgesetzt, daß nicht durch Zerreißung der Zusammenhang der Flüssigkeit gestört sei. Dies zu verhindern und die meistens nützliche Saugkraft zu erhalten, ist eine wichtige Aufgabe bei der Profilierung der Vorderkante der Flugzeugflächen (§ 12, 3 und § 13, 2).

Die Funktion (10) behält, wenn C durch die imaginäre Konstante iC ersetzt wird, auch noch für $\mu = \infty$ einen für uns brauchbaren Sinn. Man hat dann nämlich

$$(14) \qquad \begin{cases} v = \dfrac{iC}{z - z_0} \\[2mm] \psi = iC\,\mathrm{lgnat}\,(z - z_0), \end{cases}$$

woraus nach Fig. 6

$$|v| = \frac{C}{r}$$

$$\chi = C\,\mathrm{lgnat}\,r$$

folgt. Der Punkt z_0 wird also in kreisförmigen Bahnen umflossen, wobei die einzelnen Flüssigkeitsteilchen sich nach dem zweiten Kepplerschen Gesetze, nämlich mit konstanter Flächengeschwindigkeit $|v|r$ bewegen. Man nennt den Punkt z_0 einen isolierten Saugpunkt oder anschaulicher, obwohl die doppelte Wirbelgeschwindigkeit ringsum Null bleibt, einen isolierten Wirbelpunkt. Im Raume gedeutet, ist das ein unendlich langer, gerader, auf der xy-Ebene senkrechter, unendlich dünner Wirbelfaden. Die Konvergenz der Integrale (8) und (9) leidet natürlich nicht, solange solche isolierten Wirbelpunkte in endlichem Abstand von der Kontur bleiben.

Ein Fall dieser Art liegt in Fig. 1 vor; einen der Rechnung zugänglicheren liefert die Funktion

$$(15) \qquad v = iC\left(\frac{1}{z-a} - \frac{1}{z+a}\right) = \frac{2iCa}{z^2 - a^2}.$$

Diese Strömung, der wir später wieder begegnen werden gelegentlich der Untersuchung der Wirbel, die sich von den Tragflächen eines Flugzeugs ablösen, besitzt in $z = \pm a$ je einen isolierten Wirbelpunkt. Die Strömungsfunktion ist mit den Bezeichnungen der Fig. 11

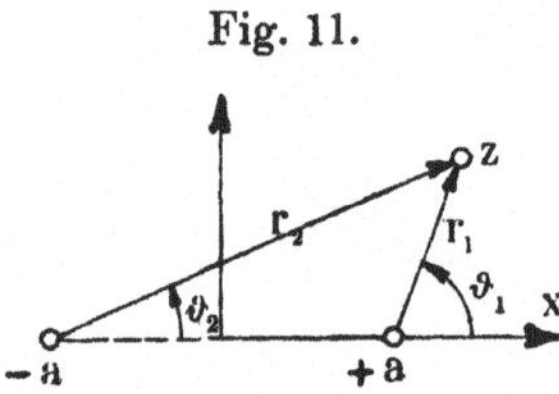
Fig. 11.

$$\psi = iC\,[\mathrm{lgnat}\,(z-a) - \mathrm{lgnat}\,(z+a)]$$
$$= iC\,[\mathrm{lgnat}\,r_1 + i\vartheta_1 - \mathrm{lgnat}\,r_2 - i\vartheta_2],$$

also ihr imaginärer Teil

$$\chi = C\,\mathrm{lgnat}\,\frac{r_1}{r_2},$$

so daß für alle Punkte einer Stromlinie mit dem Parameterwert χ gilt

$$\frac{r_1}{r_2} = e^{\chi/C} = \text{const.}$$

Nach einem bekannten planimetrischen Satze sind daher alle Stromlinien Kreise (Fig. 12). Es steht uns frei, irgend einen der Kreise, etwa den schraffierten, als Kontur eines umströmten

Körpers anzusehen, wobei wir für später noch die Beziehung anmerken:

$$\frac{AB}{CB} = \frac{AE}{CE} \quad \text{oder} \quad \frac{AB}{AE} = \frac{CB}{CE},$$

woraus

$$\frac{AE + AB}{AE - AB} = \frac{CE + CB}{CE - CB}$$

folgt oder, indem man den Mittelpunkt D einführt,

$$(16) \qquad\qquad 4\,AD\,.\,CD = BE^2.$$

Es ist leicht, den isolierten Wirbelpunkt $z = a$ an die Kontur heranzurücken, indem man a gegen Null konvergieren läßt und das Produkt $2\,aC = C'$ konstant hält. So kommt

$$(17) \qquad\qquad v = \frac{i\,C'}{z^2};$$

dies bedeutet eine Schar von Kreisen, die im Nullpunkt die

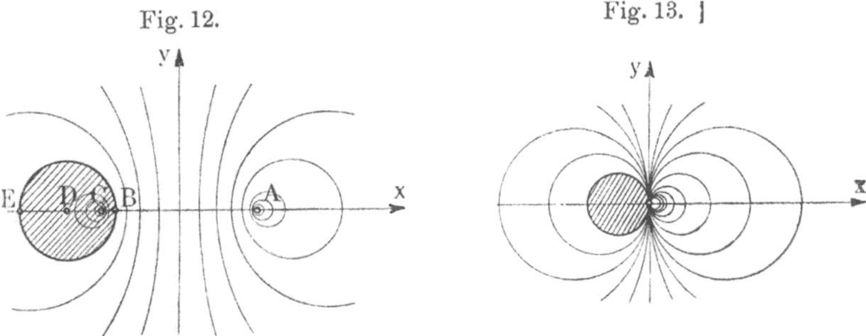

y-Achse berühren (Fig. 13). Das Integral (8) der Kraft P, erstreckt über die schraffierte Kontur, wächst, wenn man von der im Punkt $z = 0$ unvermeidlichen Zerreißung absieht, über alle Grenzen. Die heftige Wirkung derartiger Wirbel ist in der Tat sehr bekannt. Wir werden der Strömung (17) später wieder begegnen.

Der Geltungsbereich der Blasiusschen Formeln läßt sich nunmehr genau umgrenzen: Die Grundformeln (8) und (9) sind gültig für jede Kontur, auch wenn sie eine endliche Anzahl von Ecken besitzt, solange sie keinen isolierten Wirbelpunkt trägt. Wie sich die Potentialströmung sonst in der xy-Ebene verhält, ist gleichgültig.

§ 4. Die Fundamentalreihe der Geschwindigkeit.

1. Die Berechnung des Auftriebes ist jetzt auf ein vektorielles oder ein komplexes Randintegral zurückgeführt, dessen Auswertung im einzelnen Falle mit ziemlichen Umständlichkeiten verknüpft wäre, wenn es nicht glücklicherweise meist gelänge, sie mit Hilfe einer einfachen Reihenentwickelung zu umgehen.

Wir ermitteln zunächst den Wert des Integrals $\int v\,dz$, erstreckt über die Kontur K, eine beliebige, die Kontur einmal umschlingende Kurve K_∞ und eine zweimal in entgegengesetzter Richtung zu durchlaufende Verbindungslinie L zwischen K und K_∞ (Fig. 4). Indem man die Vektoren $\mathfrak{v}$ und $\mathfrak{w}$ einführt und schließlich den Stokesschen Integralsatz Anh. XXIII anwendet, erhält man

$$\oint v\,dz = \oint (v_x - iv_y)(dx + idy)$$

$$= \oint (v_x\,dx + v_y\,dy) + i\oint (-v_y\,dx + v_x\,dy)$$

$$= \oint \mathfrak{v}\,d\mathfrak{r} + i\oint \mathfrak{w}\,d\mathfrak{r}$$

$$= \int d\mathfrak{f}\,\mathrm{rot}\,\mathfrak{v} + i\int d\mathfrak{f}\,\mathrm{rot}\,\mathfrak{w}.$$

Die Integrale rechter Hand verschwinden, wenn in dem von K und K_∞ begrenzten Ebenenstück allenthalben

$$|\mathrm{rot}\,\mathfrak{v}| = \frac{\partial v_y}{\partial x} - \frac{\partial v_x}{\partial y} = 0$$

$$|\mathrm{rot}\,\mathfrak{w}| = \mathrm{div}\,\mathfrak{v} = \frac{\partial v_x}{\partial x} + \frac{\partial v_y}{\partial y} = 0$$

ist. Da diese Beziehungen aber nach § 3 (1), S. 16 ganz allgemein für Real- und Imaginärteil jeder analytischen Funktion $u(z)$ gelten, so läßt sich das Ergebnis in die Formel fassen:

$$(1) \qquad \overset{K}{\oint} u\,dz = \overset{K_\infty}{\oint} u\,dz,$$

vorausgesetzt, daß K von K_∞ ganz umschlossen wird und die Funktion $u(z)$ zwischen K und K_∞ analytisch und überall endlich ist.

Das vektoranalytische Analogon dieses Satzes haben wir in § 2 wiederholt benutzt.

2. Wir kehren zu den Annahmen zurück, unter denen die Auftriebsformeln § 2 (5) bis (8) abgeleitet wurden, nämlich daß K die einzige Kontur sei, was insbesondere auch isolierte Wirbelpunkte außerhalb K ausschließt, und daß überall $\operatorname{div} \mathfrak{v} = 0$, $\operatorname{rot} \mathfrak{v} = 0$ ist. Unter diesen Voraussetzungen ist $v(z)$ überall außerhalb K eine endliche analytische Funktion, so daß, wenn man die neue komplexe Veränderliche

$$(2) \qquad \zeta = \frac{1}{z} \qquad dz = -\frac{d\zeta}{\zeta^2}$$

einführt und dann $v(z) = w(\zeta)$ schreibt, die Existenz der Taylor-Maclaurinschen Reihe nach bekannten mathematischen Sätzen gewährleistet ist:

$$(3) \qquad w(\zeta) = w(0) + w'(0)\zeta + \frac{w''(0)}{1.2}\,\zeta^2 + \cdots$$

Dafür kann man, mit anderer Bezeichnung der komplexen Koeffizienten, auch eine der beiden folgenden Formen anschreiben:

$$(4) \qquad v(z) = C_0 + \frac{C_1}{z} + \frac{C_2}{z^2} + \cdots$$

$$(5) \qquad v(z) = (\alpha_0 + i\beta_0) + \frac{\alpha_1 + i\beta_1}{z} + \frac{\alpha_2 + i\beta_2}{z^2} + \cdots,$$

die wegen ihrer großen Bedeutung die **Fundamentalreihe der Geschwindigkeit** heißen mögen.

Dividieren wir die Reihe (3) gliedweise mit ζ^2 und integrieren sie dann über die Kontur K oder, was nach (1) auf dasselbe hinauskommt, über einen Kreis K_∞ mit unbeschränkt großem Radius, so wird nach (2)

$$\oint^{K} v\,dz = -\oint^{K_\infty} \frac{w\,d\zeta}{\zeta^2} = \oint^{K_\infty} \frac{w\,d\zeta}{\zeta^2} = \oint^{K_\infty} \left(\frac{C_0}{\zeta^2} + \frac{C_1}{\zeta} + C_2 + C_3\zeta + \cdots\right) d\zeta.$$

Führt man wieder Polarkoordinaten ein

$$(6) \qquad z = re^{i\vartheta}, \qquad \zeta = r'e^{i\vartheta'},$$

so ist nach (2)

$$r' = \frac{1}{r} \qquad \vartheta' = -\vartheta,$$

so daß, wenn z den großen Kreis K_∞ im Gegenzeigersinne durchläuft, ζ auf einem kleinen Kreise K_0 vom Radius r' seinen Nullpunkt umwandert; daher wird mit $d\zeta = r'ie^{i\vartheta'}d\vartheta'$

$$\oint\limits_{K} v\,dz = i\int\limits_{0}^{-2\pi}\left(\frac{C_0}{r'}\,e^{-i\vartheta'} + C_1 + C_2 r'e^{i\vartheta'} + C_3 r'^2 e^{2i\vartheta'} + \cdots\right)d\vartheta'$$

oder

$$(7)\qquad\qquad \oint\limits_{K} v\,dz = -2\pi i\,C_1,$$

da ja für jedes von Null verschiedene v

$$\int\limits_{0}^{-2\pi} e^{v i\vartheta'}d\vartheta' = 0$$

ist. Verfährt man ebenso mit der Reihe w/ζ^3, so übernimmt der Koeffizient C_2 die Rolle von C_1 und man erhält

$$(8)\qquad\qquad \oint\limits_{K} v z\,dz = -2\pi i\,C_2.$$

Überhaupt erkennt man, daß bei der Integration jeder beliebigen derartigen Reihe über den Kreis K_0 oder sonst eine den Nullpunkt der ζ-Ebene hinreichend eng im Uhrzeigersinne umschlingenden Kurve unter den gemachten Voraussetzungen nur der mit $-2\pi i$ multiplizierte Koeffizient des Gliedes $1/\zeta$ übrig bleibt. Man nennt ihn das **Residuum** der Reihe und die Formel

$$(9)\qquad\qquad \oint\limits_{K_0} u\,d\zeta = \oint\limits_{K_0} \sum_\nu D_\nu \zeta^\nu\,d\zeta = -2\pi i D_{-1}$$

den **Cauchyschen Residuensatz.**

Quadriert man die Fundamentalreihe, so kommt

$$w^2(\zeta) = C_0^2 + 2 C_0 C_1 \zeta + (C_1^2 + 2 C_0 C_2)\zeta^2 + \cdots$$

Infolgedessen wird

$$(10)\qquad\qquad \oint\limits_{K} v^2\,dz = \oint\limits_{K_0} \frac{w^2\,d\zeta}{\zeta^2} = -4\pi i\,C_0 C_1$$

$$(11)\qquad\qquad \oint\limits_{K} v^2 z\,dz = \oint\limits_{K_0} \frac{w^2\,d\zeta}{\zeta^3} = -2\pi i(C_1^2 + 2 C_0 C_2).$$

3. Gesetzt, daß die Koeffizienten C_0, C_1, C_2 der Fundamentalreihe bekannt sind, so ist damit die Auswertung der Blasiusschen Integrale § 3 (8) und (9) ein für allemal erledigt; diese müssen sich unter den vorausgestellten Annahmen aber auch im Einklang mit den Auftriebsformeln § 2 (5) bis (8) befinden. Um das zu erweisen [13]), genügt es, die Bedeutung der drei Koeffizienten C_0, C_1, C_2 festzustellen.

Zunächst ist nach (3)

$$(12) \qquad C_0 = v_\infty = v_{x\infty} - i v_{y\infty}$$

die Geschwindigkeit für $\zeta = 0$ oder $z = \infty$.

Setzt man weiter

$$(13) \qquad \begin{cases} c = \oint\limits^{K} v\, dz \\[2em] m = \oint\limits^{K} v z\, dz, \end{cases}$$

so stimmt c mit der durch § 2 (5), S. 12 definierten Zirkulation überein, während die komplexe Zahl m mit den Komponenten des statischen Moments $\mathfrak{m}$ von § 2 (7), S. 15 durch

$$(14) \qquad m = m_x + i m_y$$

zusammenhängt. Zum Beweis erinnert man sich der Randbedingung § 3 (7), S. 18 und hat in der Tat

$$\oint v\, dz = \oint (v_x - i v_y)(dx + i dy) = \oint (v_x dx + v_y dy) = \oint \mathfrak{v}\, d\mathfrak{r}$$

$$\oint v z\, dz = \oint z \mathfrak{v}\, d\mathfrak{r} = \oint x \mathfrak{v}\, d\mathfrak{r} + i \oint y \mathfrak{v}\, d\mathfrak{r}.$$

Somit ergibt sich die Bedeutung von C_1 und C_2 nach (7) und (8) aus

$$(15) \qquad C_1 = \frac{i c}{2\pi} \qquad C_2 = \frac{i m}{2\pi}.$$

Verbindet man jetzt (10) und (11) mit (12) und (15), so kommt nach § 3 (8) und (9)

$$(16) \qquad \begin{cases} P = \varrho c v_\infty \\[1em] \mathfrak{T} = \varepsilon\varrho \left(m v_\infty + i \dfrac{c^2}{4\pi} \right). \end{cases}$$

Man zerspaltet diese Formeln in ihre reellen und imaginären Teile und erhält in Übereinstimmung mit § 2 (6) und (8)

$$(17) \qquad \begin{cases} P_x = -\varrho c v_{y\infty} \\ P_y = \varrho c v_{x\infty} \\ \mathfrak{M} = \varepsilon\varrho (m_x v_{x\infty} + m_y v_{y\infty}). \end{cases}$$

4. Die Fundamentalreihe (4) der Geschwindigkeit erlaubt nun, den Auftriebsformeln endgültig eine Gestalt zu geben, die sie zur mühelosen praktischen Berechnung geeignet macht.

Zunächst muß nach (15), da die Zirkulation reell sein soll, C_1 rein imaginär bleiben, d. h. von den Koeffizienten der Reihe (5) muß $\alpha_1 = 0$ sein. Ferner hängen α_0, β_0, β_1, α_2, β_2 mit v_∞, c m nach (12) und (15) folgendermaßen zusammen:

$$(18) \qquad \begin{cases} \alpha_0 = v_{x\infty} \qquad \beta_0 = -v_{y\infty} \\ 2\pi\beta_1 = c \\ 2\pi\alpha_2 = -m_y \qquad 2\pi\beta_2 = m_x, \end{cases}$$

so daß sich Auftriebsdichte, Moment und Schwerpunktskoordinaten x_0, y_0 der Zirkulation nach (17) und § 2 (9), S. 15 in den Koeffizienten der Fundamentalreihe (5), wie folgt, ausdrücken:

$$(19) \qquad \begin{cases} P_x = 2\pi\varrho\,\beta_0\beta_1 \\ P_y = 2\pi\varrho\,\alpha_0\beta_1 \\ \mathfrak{M} = 2\pi\varrho\,e(\alpha_0\beta_2 + \beta_0\alpha_2) \\ x_0 = \dfrac{\beta_2}{\beta_1} \\ y_0 = -\dfrac{\alpha_2}{\beta_1}. \end{cases}$$

Ehe wir die demnach wichtigste Aufgabe, die Koeffizienten der Fundamentalreihe für vorgeschriebene Konturen zu ermitteln, angreifen, wird es zweckmäßig sein, die Bedeutung dieser Größen noch von einem anderen Standpunkt aus zu untersuchen. Die Reihe (4) legt es nämlich nahe, die ebenen Potentialströmungen systematisch einzuteilen. Wir nennen sie:

a) zirkulatorisch, wenn $\quad C_0 = 0,\ C_1 \neq 0,$

b) bizirkulatorisch, wenn $\ C_0 = 0,\ C_1 = 0,$

c) translatorisch, wenn $\quad C_0 \neq 0,\ C_1 = 0,$

d) zyklisch, wenn $\qquad C_0 \neq 0,\ C_1 \neq 0$ ist.

§ 5. Einteilung der ebenen Potentialströmungen.

1. In so großer Entfernung von der in der Nähe des Nullpunktes gelegenen Kontur, daß die höheren Potenzen von $1/z$ gegen die erste vernachlässigbar sind, verhält sich eine zirkulatorische Strömung wie ein isolierter Wirbel im Nullpunkt

$$(1) \qquad v = \frac{i\beta_1}{z},$$

als dessen Stärke man die Größe $\tau = 2\pi\beta_1$ zu definieren pflegt, wonach also Wirbelstärke und Zirkulation eines isolierten Saugpunktes identische Begriffe sind. Da jetzt $\alpha_0 = \beta_0 = 0$ ist, so zeigen die Formeln § 4 (19):

Zirkulatorische Strömungen haben keine Geschwindigkeit im Unendlichen; sie vermögen auf eine eingetauchte Kontur weder eine Kraft noch ein Drehmoment auszuüben; der Schwerpunkt ihrer Zirkulation liegt im Endlichen.

Dieses Ergebnis steht (ebenso wie die folgenden in **2** und **3**) mit der Wirklichkeit in einem auffallenden, allerdings nur scheinbaren Widerspruch, der seine Erklärung darin findet, daß, abgesehen von der meist geringfügigen Oberflächenreibung, an gewissen gefährlichen Stellen der Kontur die Ablösung von Wirbeln unvermeidlich ist (§ 17, **1**). Dann aber hat man es überhaupt nicht mehr mit einer stationären Strömung zu tun, und die auftretende Kraft hört auf, dem **Kutta-Joukowskyschen** Satze zu gehorchen.

2. Eine bizirkulatorische Strömung verhält sich in großer Entfernung vom Nullpunkt wie die in § 3, **3** untersuchte Funktion (17), für die jetzt allgemeiner zu schreiben ist:

$$(2) \qquad v = \frac{\alpha_2 + i\beta_2}{z^2}.$$

Aus der Strömungsfunktion

$$\psi = -\frac{\alpha_2 + i\beta_2}{z} = -\frac{(\alpha_2 + i\beta_2)(x - iy)}{x^2 + y^2}$$

ergibt sich das System der Stromlinien

$$\chi = \frac{\alpha_2 y - \beta_2 x}{x^2 + y^2},$$

das die zum Parameterwert $\chi = 0$ gehörende Gerade

$$(3) \qquad \frac{y}{x} = \frac{\beta_2}{\alpha_2}$$

enthält, Fig. 14, S. 30 (die Pfeile gehören zu positivem α_2 und β_2).

Der in der Stromlinie $\chi = 0$ liegende Vektor $\mathfrak{k} = (2\pi\alpha_2, 2\pi\beta_2)$ soll die **kinematische Achse** der Strömung (2) heißen, und diese Bezeichnung mag sinngemäß auch auf allgemeinere bizirkulatorische Strömungen übertragen werden, deren Bild zwar in der Nähe des Nullpunktes verschieden von Fig. 14 sein kann, aber sicher eine Stromlinie enthalten muß, die jene Gerade $\chi = 0$ zur Asymptote hat, während alle übrigen Stromlinien ohne Asymptote ins Unendliche streben. Da das statische Moment $\mathfrak{m}$ der Zirkulation (die hier selbst Null ist) nach § 4 (18) die Komponenten $(2\pi\beta_2, -2\pi\alpha_2)$ hat, so ist $\mathfrak{k}$ der Normalvektor von $\mathfrak{m}$. Aus § 4 (19) schließt man:

Bizirkulatorische Strömungen haben keine Geschwindigkeit im Unendlichen; sie vermögen auf eine einge-

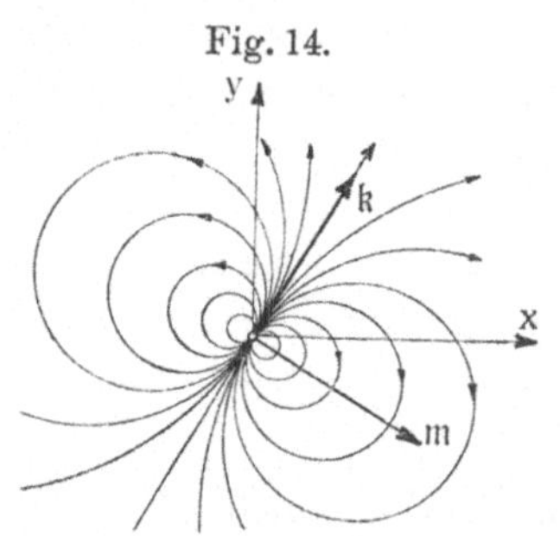

Fig. 14.

tauchte Kontur weder eine Kraft noch ein Drehmoment auszuüben; der Schwerpunkt ihrer Zirkulation liegt im Unendlichen.

Der Fall eines an die Kontur herangerückten isolierten Saugpunktes (vgl. Fig. 13, S. 23) ist dabei ausgenommen.

3. Jede translatorische Strömung kann aus einer gleichförmigen Parallelströmung $v = v_\infty = \alpha_0 + i\beta_0$ und einer bizirkulatorischen (2) zusammengesetzt gedacht werden und verhält sich demnach in großer Entfernung vom Nullpunkt wie

$$(4) \qquad v = \alpha_0 + i\beta_0 + \frac{\alpha_2 + i\beta_2}{z^2}.$$

Die vier Koeffizienten $\alpha\beta$ sind nicht ganz unabhängig voneinander. Das Einbringen der Kontur in die Parallelströmung v_∞ wirkt nämlich wie ein Stau; infolgedessen wird durch die Längeneinheit jeder beliebigen, durch den Nullpunkt gezogenen, nicht in den Vektor $\mathfrak{v}_\infty$ fallenden Geraden in genügender Entfernung vom Nullpunkt nachher mehr Flüssigkeit in der Zeiteinheit hindurchtreten als vorher. Beobachten wir insbesondere den Durchfluß durch die Längeneinheit der x- bzw. y-Achse, so wird dieser gleich der y- bzw. x-Komponente der Geschwindigkeit für $y = 0$ bzw. $x = 0$, also gleich

$$-\beta_0 - \frac{\beta_2}{x^2} \quad \text{bzw.} \quad \alpha_0 - \frac{\alpha_2}{y^2}.$$

Damit die Absolutwerte dieser Ausdrücke größer als $|\beta_0|$ bzw. $|\alpha_0|$

sind, müssen notwendig α_0 und α_2 entgegengesetzte, β_0 und β_2 aber gleiche Vorzeichen haben. Mithin wird

$$\mathfrak{k}\,\mathfrak{v}_\infty = 2\,\pi\,(\alpha_0\,\alpha_2 - \beta_0\,\beta_2) < 0,$$

d. h. die kinematische Achse $\mathfrak{k}$ bildet mit dem Vektor $-\,\mathfrak{v}_\infty$ einen spitzen Winkel und desgleichen auch $\mathfrak{m}$ mit $\mathfrak{w}_\infty$ (Fig. 15). Man veranschaulicht sich diese Schlüsse leicht, indem man die Überlagerung der Strömungen v_∞ und (2) für verschiedene Lagen von $\mathfrak{k}$ genauer verfolgt; die beiden Fälle, daß $\mathfrak{k}$ und $-\,\mathfrak{v}_\infty$ bzw. $\mathfrak{k}$ und $\mathfrak{v}_\infty$ gleiche Richtung haben, sind in den Fig. 16 und 17 dargestellt. Die geschlossene, als Kontur zu benutzende Stromlinie, die in Fig. 16 auftritt, ist, wie sich später herausstellen wird, ein Kreis;

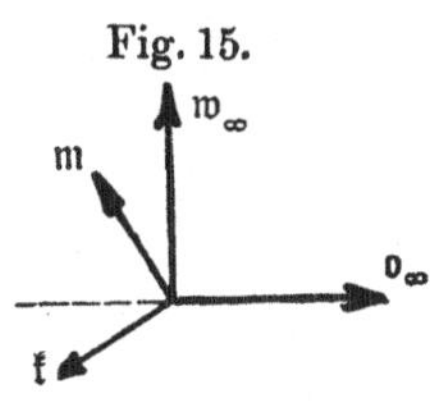

Fig. 15.

in Fig. 17 kommt, da der Fall der Fig. 13 dauernd ausgeschlossen sein soll, eine als Kontur brauchbare Stromlinie überhaupt nicht vor. In der Tat muß mit dem Eintauchen einer Kontur in eine Parallelströmung sowohl vor wie hinter der Kontur die ursprüngliche Geschwindigkeit $\mathfrak{v}_\infty$ verzögert, seitlich davon aber beschleunigt werden, was erfordert, daß die kinematische Achse

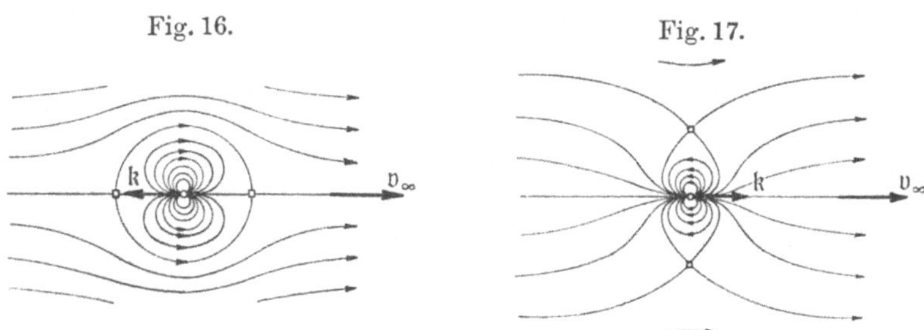

Fig. 16.

Fig. 17.

der hinzukommenden bizirkulatorischen Strömung dem Vektor $\mathfrak{v}_\infty$ einigermaßen entgegen gerichtet ist.

Im Hinblick auf § 4 (19) ist zu sagen:

Translatorische Strömungen umfließen, mit konstanter Geschwindigkeit aus dem Unendlichen kommend und ins Unendliche gehend, die Kontur ohne Zirkulation; sie vermögen keine Kraft auszuüben, dagegen läßt sich ihre Wirkung nur durch ein Kräftepaar aufheben, das bloß dann verschwindet, wenn

$$\alpha_0\,\beta_2 + \beta_0\,\alpha_2 = 0$$

ist, d. h. wenn $\mathfrak{m}$ und $\mathfrak{w}_\infty$ parallele Vektoren sind oder der ausgeartete Fall $\mathfrak{m} = 0$ vorliegt.

Da $\mathfrak{P} = 0$ wird, so ist nämlich $\mathfrak{M}$ das Moment eines Kräftepaares. Da das Moment eines solchen bekanntlich vom Bezugspunkt unabhängig bleibt, so muß nach § 2 (8), S. 15 auch das statische Moment $\mathfrak{m}$ davon unabhängig sein; es mag die dynamische Achse der translatorischen Strömung heißen.

Diese Achse hat eine wichtige Bedeutung für die stabile Lage der Kontur. Da der Vektor $\mathfrak{M} = \gamma\,[\mathfrak{m}\,\mathfrak{w}_\infty]$ ein Moment vor-

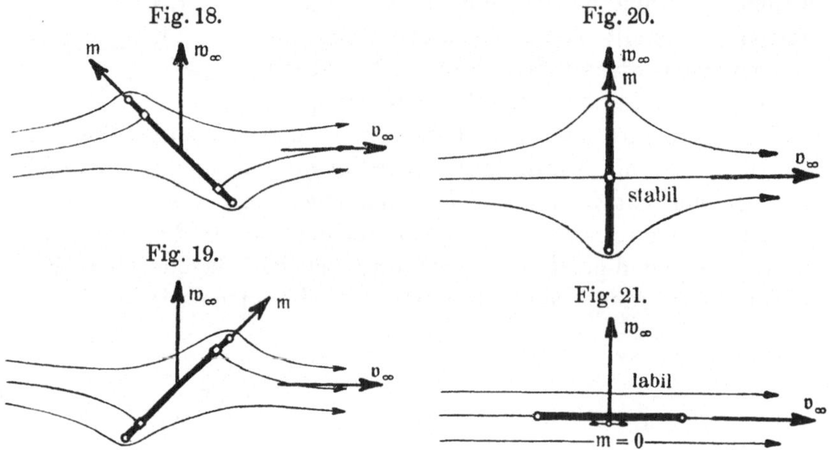

stellt, das den Vektor $\mathfrak{m}$ auf kürzestem Wege mit dem Vektor $\mathfrak{w}_\infty$ zur Deckung zu bringen strebt, so kann man sagen:

Eine Kontur ist gegen Drehungen in einer translatorischen Strömung dann und nur dann stabil, wenn deren dynamische Achse $\mathfrak{m}$ mit dem Vektor $\mathfrak{w}_\infty$ dem Sinne nach übereinstimmt.

Falls der Vektor $\mathfrak{m}$ verschwindet, muß seine Richtung natürlich als Grenzwert benachbarter Lagen festgestellt werden.

In Wirklichkeit lösen sich von einer in eine translatorische Strömung eingetauchten Kontur unverzüglich Wirbel ab, so daß hinsichtlich der Kraft das in 1 Bemerkte auch hier gilt. während die Stabilitätsverhältnisse mit der Erfahrung gut übereinstimmen.

Die Fig. 18 bis 21 veranschaulichen dies für eine geradlinige Kontur; die Richtung von $\mathfrak{m}$ findet man ohne Schwierigkeit, indem man auf die Definition § 2 (7), S. 15 zurückgreift und etwa die Mitte der Konturstrecke zum Bezugspunkt nimmt.

4. Fügt man zu einer translatorischen Strömung eine zirkulatorische hinzu, so entsteht die allgemeine zyklische, und es gilt:

Zyklische Strömungen üben auf eine eingetauchte Kontur eine Kraft aus, deren Angriffspunkt im Endlichen liegt und deren Angriffslinie durch den Schwerpunkt der Zirkulation geht.

Die Bilder solcher Strömungen fallen nun freilich mangels Berücksichtigung der abgelösten Wirbel auch noch nicht ganz mit der Wirklichkeit zusammen. Trotzdem dienen sie als brauchbare Grundlage für die Dynamik des Fluges. Das im Unterschied von **2** und **3** nicht mehr einwertige Geschwindigkeitspotential bringt es nämlich mit sich, daß über die zyklische Konstante, d. h. die Zirkulation noch irgend eine Bestimmung zu treffen ist. Dies kann so geschehen, daß auch die Wirkung der abgelösten Wirbel in einer gewissen asymptotischen Annäherung mit berücksichtigt erscheint (§ 17).

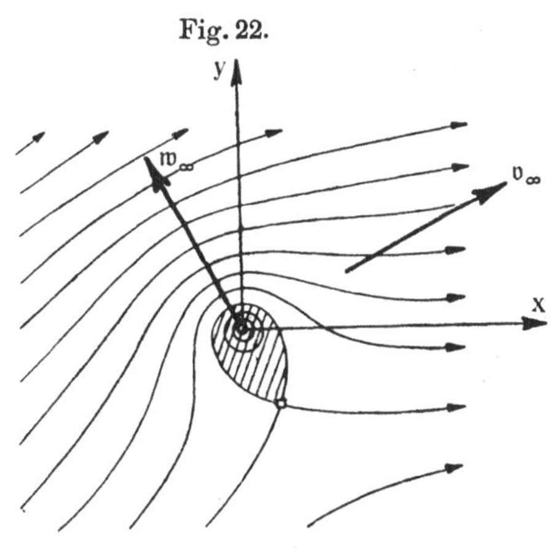

Jede Strömung mit einer zyklischen Konstanten verhält sich für große Absolutwerte von z wie die in Fig. 22 für positive Werte von α_0, β_0, β_1 gezeichnete

$$(5) \qquad v = \alpha_0 + i\beta_0 + \frac{i\dot{\beta}_1}{z} = v_\infty + \frac{ic}{2\pi z}.$$

Scheidet man Reelles und Imaginäres in

$$v_x = v_{x\infty} + \frac{c}{2\pi} \frac{y}{x^2 + y^2}$$

$$v_y = v_{y\infty} - \frac{c}{2\pi} \frac{x}{x^2 + y^2},$$

so hat man in vektorieller Schreibweise

$$\mathfrak{v} = \mathfrak{v}_\infty - \frac{c}{2\pi} \frac{\bar{\mathfrak{r}}}{\mathfrak{r}^2},$$

wenn $\bar{\mathfrak{r}} = [\mathfrak{e}\mathfrak{r}] = (-y, x)$ den Normalvektor des Fahrstrahles $\mathfrak{r} = (x, y)$ bezeichnet. Hierdurch ist nachträglich die in § 2, 2 und 3 benutzte Zerspaltung $\mathfrak{v} = \mathfrak{v}_\infty + \mathfrak{v}'$ scharf begründet, wo $|\mathfrak{v}'|$, wie jetzt einleuchtet, mindestens wie $1/|\mathfrak{r}|$ verschwindet und in großer Entfernung von der im Endlichen gelegenen Kontur in der Tat bis auf einen Fehler von der Größenordnung $1/\mathfrak{r}^2$ kreisförmige Bahnkurven besitzt.

Die Funktion (5) stellt zugleich genau die Strömung um irgendeine Kontur dar, die aus einer der geschlossenen Stromlinien des in Fig. 22 schraffierten Bereiches gebildet wird. Schrumpft diese Kontur insbesondere in den Nullpunkt zusammen, so kommt als Ergebnis:

Ein in einer Parallelströmung $\mathfrak{v}_\infty$ festgehaltener isolierter Wirbelpunkt erfährt eine Kraft von der Dichte $\varrho\,\tau\,\mathfrak{w}_\infty$, wo τ die Wirbelstärke bedeutet.

§ 6. Mehrere Konturen.

1. Sind außer der einen Kontur K noch weitere in der Bildebene vorgelegt, so verliert der Kutta-Joukowskysche Satz für die Einzelkontur seine Gültigkeit. Denn es ist jetzt der von $K K_\infty L$ (Fig. 4) begrenzte Bereich kein einfach zusammenhängender mehr; zu seiner vollständigen Berandung gehören auch die übrigen Konturen $K_1 K_2 \ldots$; infolgedessen müßte die Impulsgleichung § 2 (1), S. 11 durch weitere Glieder $\mathfrak{P}_1 \mathfrak{P}_2 \ldots$ ergänzt werden. Ebenso ist das Integral $\int \mathfrak{v}\,d\mathfrak{r}$ bzw. $\int \mathfrak{r}.\mathfrak{v}\,d\mathfrak{r}$ über K_∞ nun gleich der negativen Summe der Einzelzirkulationen bzw. ihrer Momente

$$c_\nu = \oint\limits^{K_\nu} \mathfrak{v}\,d\mathfrak{r}$$

$$\mathfrak{m}_\nu = \oint\limits^{K_\nu} \mathfrak{r}.\mathfrak{v}\,d\mathfrak{r}$$

über die verschiedenen Konturen $K K_1 K_2 \ldots$

Denkt man sich jedoch alle Konturen untereinander durch solche Linien $L_1 L_2 \ldots$ (Fig. 23) verbunden, daß der von $K_\infty K K_1 K_2 \ldots L L_1 L_2 \ldots$ umrandete Bereich einfach zusammenhängt, so hindert uns nichts, den Komplex $K K_1 K_2 \ldots$ die frühere Rolle von K spielen zu lassen, da die Verbindungslinien $L L_1 L_2 \ldots$

bei allen Randintegralen zweimal in entgegengesetztem Sinne durchlaufen werden und also, obwohl im allgemeinen nicht Stromlinien, ohne Wirkung sind.

Für die Gesamtheit verschiedener unter sich starr verbundener Konturen gelten, falls die sonstigen Bedingungen erfüllt sind, die Formeln § 2 (6), (8) und (10), S. 12 bis 15, wenn man darin setzt

$$c = \Sigma\, c_\nu,$$
$$\mathfrak{m} = \Sigma\, \mathfrak{m}_\nu,$$
$$\mathfrak{r}_0 = \frac{\Sigma\, \mathfrak{m}_\nu}{\Sigma\, c_\nu}.$$

Insbesondere kann es, wenn mindestens eine Einzelzirkulation negativ ist, vorkommen, daß trotz verschwindenden Gesamtauftriebes die Einzelkonturen Kräfte erfahren.

Wünscht man Kraft und Moment für die Einzelkontur zu ermitteln, so wird man auf die Blasiusschen Formeln § 3 (8) und (9), S. 18 zurückgreifen. Wir werden später (§ 14 f.) solche Rechnungen durchführen, die für die Beurteilung der Flächenbelastung von Doppel- oder Mehrdeckern wichtig sind.

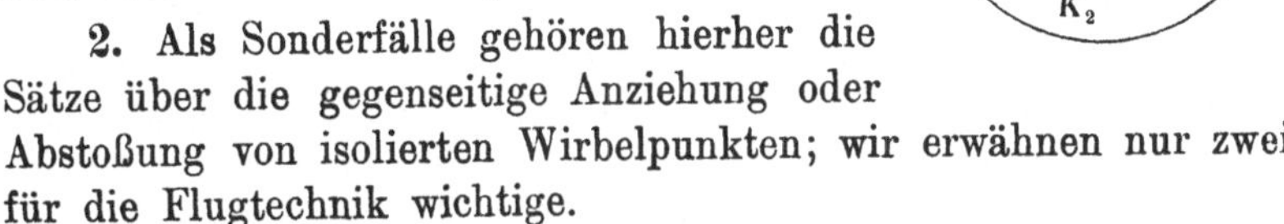

Fig. 23.

2. Als Sonderfälle gehören hierher die Sätze über die gegenseitige Anziehung oder Abstoßung von isolierten Wirbelpunkten; wir erwähnen nur zwei für die Flugtechnik wichtige.

Die Wirbel mögen in den Punkten $z = 0$ und $z = -ib$ liegen und die Stärken τ_1 und τ_2 haben. Sind sie in der nach der positiven x-Achse orientierten Parallelströmung $\mathfrak{v}_\infty$ festgehalten, so wird die Geschwindigkeit nach § 5, 1 durch

$$v = v_\infty + \frac{i\,\tau_1}{2\,\pi}\frac{1}{z} + \frac{i\,\tau_2}{2\,\pi}\frac{1}{z + ib}$$

dargestellt. Entwickelt man als geometrische Reihe

$$\frac{1}{z + ib} = \frac{1}{ib}\Big(1 + \frac{iz}{b} - \frac{z^2}{b^2} + \cdots\Big),$$

so hat man in der Nähe des Nullpunktes, nämlich für $|z| < b$

$$v = v_\infty + \frac{i\,\tau_1}{2\,\pi}\frac{1}{z} + \frac{\tau_2}{2\,\pi\,b}\Big(1 + \frac{iz}{b} - \frac{z^2}{b^2} + \cdots\Big);$$

mithin ist das Residuum der Reihe v^2 gleich

$$\frac{i\,\tau_1}{\pi}\left(v_\infty + \frac{\tau_2}{2\,\pi\,b}\right).$$

Nach dem Residuensatz § 4 (9), S. 26, worin man sich z statt ζ geschrieben denken mag, ergibt die Blasiussche Formel § 3 (8) auf den Wirbel $z = 0$ eine Kraftdichte, deren von der Strömung v_∞ herrührender Teil

(1) $$P_1 = \varrho\,\tau_1\,v_\infty$$

schon vorhin festgestellt worden ist, wogegen der von der Ein-wirkung des zweiten Wir-bels verursachte

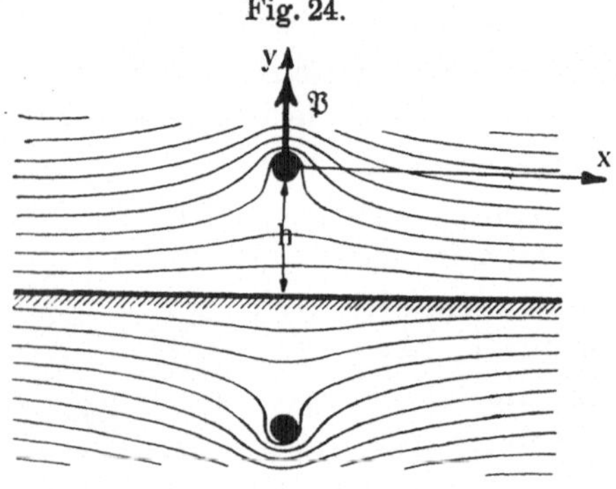

Fig. 24.

(2) $$P_2 = \frac{\varrho\,\tau_1\,\tau_2}{2\,\pi\,b}$$

beträgt und in die y-Achse fällt.

Je nach dem zwei iso-lierte Wirbelpunkte im gleichen oder entgegen-gesetzten Sinne um-kreist werden, stoßen sie sich ab oder ziehen sie sich an, proportional dem Produkt ihrer Wirbel-stärken und umgekehrt proportional ihrer Entfernung.

Ist insbesondere $\tau_1 = -\tau_2 = \tau$, so ist das Strombild sym-metrisch zur Geraden $y = -\dfrac{b}{2} = -h$ (Fig. 24) und man kann diese, wenn man von der Reibung absieht, als feste Wand ein-schalten und den unteren Teil der Strömung nach Belieben weg-lassen. Man hat jetzt [4])

(3) $$P = \varrho\,\tau\,v_\infty\left(1 - \frac{\tau}{4\,\pi\,h\,v_\infty}\right),$$

also im Hinblick auf (1) das Ergebnis:

Der Auftrieb wird durch die Nähe der Wand ver-mindert, die übrigens als Reaktion die Kraft $-P$ erfährt.

Nun ist zwar ein isolierter Wirbelfaden nur ein sehr unvoll-kommenes Ebenbild einer Tragfläche; da der Charakter der zykli-schen Strömung aber hier wie dort derselbe ist, so liegt es an sich nahe, die beiden soeben formulierten Sätze auf wirkliche

Flugzeuge auszudehnen und demnach, wie dies hin und wieder auch geschehen ist, folgende qualitativen Schlüsse zu ziehen:

Die Tragflächen eines Doppeldeckers stoßen sich im Fluge ab; und jedes Flugzeug hat in der Nähe der Erdoberfläche noch nicht seine volle Steigfähigkeit.

Die erste dieser beiden Aussagen wird später (§ 15, 2) auch quantitativ bestätigt werden; die zweite dagegen widerspricht der Erfahrung in auffallendster Weise, was sich dadurch erklären wird (§ 18, 4), daß im Vergleich mit dem unendlich langen Flügel die Strömung um Tragflächen von endlicher Länge durch die von den Flügelenden ausgehenden Wirbel erhebliche Veränderungen erfährt.

§ 7. Die Gitterströmung.

1. Es gibt einen bemerkenswerten Fall, wo auch bei mehreren Konturen der Kutta-Joukowskysche Satz noch für jede Einzelkontur gilt, nämlich dann, wenn eine unendliche Reihe von kongruenten Konturen nach Art der Fig. 25 angeordnet ist, die durch eine Parallelverschiebung um die Strecke a in der y-Richtung mit sich selbst zur Deckung gebracht werden kann. Wir wollen eine solche Konfiguration nach einem Vorschlage von H. Lorenz ein Gitter nennen in Anlehnung an die Bedeutung, die man diesem Worte in der Physik beizulegen gewohnt ist; die y-Achse heiße dann die Gitterachse und a die Gitterkonstante. Diese Anordnung kommt praktisch vor bei Jalousien, weshalb W. M. Kutta[20]), der den ersten Fall eines Gitters durchgerechnet hat, von einer Jalousie spricht. Gelegentlich bilden auch die Flächen eines Drachens sowie Steuerflächen ein solches Gitter.

Die Anzahl der Konturen ist in Wirklichkeit natürlich endlich und die Annahme einer unendlich langen Reihe rechtfertigt sich nur mathematisch durch die große Vereinfachung, die sich dabei für die Rechnung ergibt, deren Ergebnisse dann aber nur mit solchen Konturen verglichen werden dürfen, die im wirklichen Falle hinreichend weit vom Ende der Reihe entfernt in der Mitte liegen. Setzen wir voraus, daß auch die Strömung die Periodizität a besitzt, d. h. daß v eine Funktion ist, deren Wert sich jedesmal wiederholt, so oft z um ein ganzzahlig Vielfaches von ia wächst, wonach insbesondere um alle Konturen die Zirkulation dieselbe Stärke c hat, so läßt sich unsere Behauptung leicht beweisen.

Man denkt sich zunächst statt der unendlich vielen Konturen deren nur n und legt diese, durch $n-1$ Linien geeignet verbunden, als Kontur K dem Beweis des Kutta-Joukowskyschen Satzes (§ 2, 2) zugrunde. Dann ist ersichtlich, daß, je größer n gewählt wird, um so genauer die Gesamtzirkulation $c_1 + c_2 + \cdots + c_n$ mit nc übereinstimmt; die Abweichung rührt ja nur davon her, daß die Zirkulation um die äußersten Konturen etwas von derjenigen um die mittleren verschieden sein mag. Die Größe des Auftriebs ist mithin nach § 6, **1** ebenso nahezu das $n$fache des Auftriebs um eine mittlere Einzelkontur, also angenähert $\varrho c |v'_\infty|$, wenn die Geschwindigkeit der translatorischen Strömung mit v' bezeichnet wird. Die Richtung des Auftriebs gibt nach wie vor der Vektor $\mathfrak{w}'_\infty$ an. Läßt man nun, indem man den in § 2, **2** benutzten Kreis K_∞ immer unbeschränkt groß gegen die Gesamtheit der n Konturen ansieht, n über alle Grenzen wachsen, so wird der Unterschied zwischen dem wirklichen Auftrieb und dem idealen Werte $\varrho c \mathfrak{w}'_\infty$ kleiner und kleiner: Der Kutta-Joukowskysche Satz gilt für jede einzelne Gitterkontur[12]).

Dagegen läßt uns die sonst so bequeme Methode, den Auftrieb aus den Koeffizienten der Fundamentalreihe zu ermitteln [§ 4 (19), S. 28], hier im Stich. Diese Reihe existiert für die Gitterströmung nicht, da sie ja das Verhalten der Geschwindigkeit für $\zeta = 0$, also für das Unendlichferne der z-Ebene anzugeben hätte, während sich im unendlich fernen Punkt der Gitterachse offenbar die Konturen unzählig häufen, so daß dort die Geschwindigkeit ganz aufhört, definierbar zu sein.

2. Nun ist es aber bei einem Gitter glücklicherweise trotzdem möglich, die für die Auftriebsberechnung wichtigste Konstante c, die bei einer einzigen Kontur vermöge § 4 (18) der Fundamentalreihe zu entnehmen war, auf ebenso einfache Weise aufzufinden, ohne daß es nötig wäre, sie durch eine komplexe Integration aus § 4 (13) zu berechnen.

Gleich wie die zirkulatorische Strömung um eine Einzelkontur sich in großer Entfernung nahezu wie ein isolierter Wirbelpunkt auf oder in der Kontur verhält (§ 5, **1**), so wird in großem Abstande vom Gitter, d. h. für große Absolutwerte von x jede zirkulatorische Strömung um die einzelne Gitterkontur sich angenähert so verhalten, wie wenn diese Kontur sich in einen isolierten Wirbelpunkt zusammengezogen hätte. Die ganze Zirkulationsströmung scheint dort herzurühren von einer Reihe gleichsinniger, gleichstarker isolierter Wirbel in den Punkten

$$z_0 = v\,ia \qquad (v = 0, \pm 1, \pm 2 \ldots)$$

der y-Achse (Fig. 26). Die zugehörige Geschwindigkeitsfunktion muß, in Analogie zum einzelnen Wirbelpunkt, an allen Stellen z_0 von erster Ordnung unendlich werden; weiter muß sie ausdrücken, daß in

$$z_1 = (v + \tfrac{1}{2})\,ia$$

Staupunkte, d. h. Nullpunkte erster Ordnung der Geschwindigkeit liegen (vgl. § 3, **3**, Fig. 7), da jede dieser Stellen sich als Symmetriezentrum der ganzen Strömung ansehen läßt und folglich die von je zwei symmetrisch gelegenen Wirbelpunkten z_0 herrührenden Geschwindigkeiten sich dort aufheben.

Die erforderlichen Eigenschaften besitzen die Hyperbelfunktionen*)

$$\mathfrak{Cof}\, z = \cos i z, \qquad \mathfrak{Sin}\, z = -\, i \sin i z,$$
$$\mathfrak{Ctg}\, z = \mathfrak{Cof}\, z / \mathfrak{Sin}\, z, \qquad \mathfrak{Tg}\, z = 1/\mathfrak{Ctg}\, z.$$

Die gesuchte Zirkulationsströmung ist mit einer reellen Konstanten λ

$$(1) \qquad\qquad v'' = \frac{i\lambda}{2a}\, \mathfrak{Ctg}\, \frac{\pi z}{a}.$$

Denn es wird

$$\mathfrak{Cof}\, \frac{\pi z_1}{a} = \cos\left(v + \tfrac{1}{2}\right)\pi = 0^1$$

$$\mathfrak{Sin}\, \frac{\pi z_0}{a} = i \sin v \pi = 0^1$$

und für kleine Absolutbeträge von z

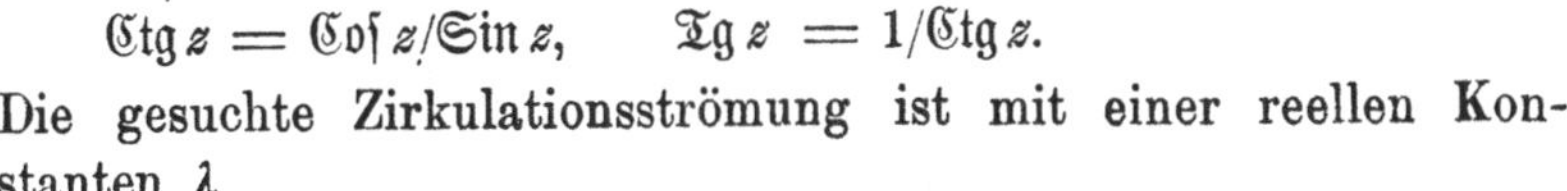

Fig. 26.

---

*) Eine Zusammenstellung ihrer Eigenschaften findet man z. B. bei E. Jahnke und F. Emde, Funktionentafeln usw., Leipzig und Berlin 1909, S. 7—18.

$$v_0'' = -\frac{\lambda}{2\,a}\,\frac{\cos\dfrac{i\,\pi\,z}{a}}{\sin\dfrac{i\,\pi\,z}{a}} \approx \frac{i\,\lambda}{2\,\pi}\frac{1}{z}$$

übereinstimmend mit § 5 (1), S. 28, wonach auch hier

$$(2)\qquad\qquad \lambda = c$$

ist. Andererseits ist für die unendlich fernen Punkte der x-Achse

$$(3)\qquad (v'')_{x=\pm\infty} = \frac{i\,\lambda}{2\,a}\left.\frac{e^{\frac{\pi x}{a}}+e^{-\frac{\pi x}{a}}}{e^{\frac{\pi x}{a}}-e^{-\frac{\pi x}{a}}}\right]_{x=\pm\infty} = \pm\frac{i\,\lambda}{2\,a},$$

also nach § 3 (2), S. 17

$$(4)\qquad\qquad (v_x'')_{\pm\infty} = 0 \qquad (v_y'')_{\pm\infty} = \mp\frac{\lambda}{2\,a},$$

so daß die Einzelzirkulation nach (2) gleich

$$(5)\qquad\qquad c = \pm\,2\,a\,(v_y'')_{x=\mp\infty}$$

wird, was zufolge § 2 (6), S. 12 für die Auftriebsdichte die Formel

$$(6)\qquad\qquad \mathfrak{P} = \pm\,2\,a\,\varrho\,\mathfrak{w}_\infty'\,(v_y'')_{x=\mp\infty}$$

ergibt, die sich für die praktische Rechnung sogleich noch etwas vereinfachen lassen wird.

Man kann die Formel (5) unabhängig von der Richtung der Gitterachse so aussprechen[13]):

Die Zirkulation ist gleich dem doppelten Produkt aus Gitterkonstante und Geschwindigkeit der Zirkulationsströmung in unendlicher Entfernung vom Gitter.

3. Es hat sich jetzt herausgestellt, daß, im Unterschied von der zirkulatorischen Strömung um eine einzelne Kontur, die Gesamtheit der Zirkulationen des Gitters in den beiden unendlich fernen Punkten jéder zur Gitterachse normalen Geraden der Bildebene von Null verschiedene Geschwindigkeiten besitzt, die nach der Gitterachse orientiert und entgegengesetzt gleich sind. Diese Geschwindigkeit ist nicht in $\mathfrak{w}_\infty'$ enthalten; vielmehr bedeutet $\mathfrak{w}_\infty'$ den Normalvektor lediglich der von der Zirkulationsströmung absehenden translatorischen Strömung $\mathfrak{v}_\infty'$.

Nun wird in der Regel die gegebene oder bestimmte Gesamtströmung $v = v' + v''$ nicht ohne weiteres schon in ihren translatorischen (v') und zirkulatorischen Bestandteil (v'') gespalten vorliegen, aber es wird stets gelingen, ihre Werte für die beiden unendlich fernen Punkte der x-Achse anzugeben, kurz mit $v_{-\infty}$ und $v_{+\infty}$ bezeichnet. Entsprechende Bedeutung sollen $v'_{-\infty} = v'_{+\infty}$ und $v''_{-\infty} = -v''_{+\infty}$ [vgl. (3)] haben. Dann ist

$$v_{-\infty} = v'_{\infty} + v''_{-\infty}$$
$$v_{+\infty} = v'_{\infty} - v''_{-\infty},$$

also

$$(7) \qquad \begin{cases} \tfrac{1}{2}(v_{-\infty} + v_{+\infty}) = v'_{\infty} \\ v_{-\infty} - v_{+\infty} = 2v''_{-\infty} = -2i(v''_y)_{x=-\infty}. \end{cases}$$

Da man statt (6) auch

$$P = 2\,a\,\varrho\,v'_{\infty}\,(v''_y)_{x=-\infty}$$

schreiben kann, so folgt mit (7)

$$(8) \qquad P = \tfrac{1}{2}\,i\,a\,\varrho\,(v_{-\infty}^2 - v_{+\infty}^2),$$

woraus sich die Auftriebskomponenten in der einfachsten Weise ermitteln lassen.

4. Es liegt nahe, diese Ergebnisse an den Formeln § 3 (8), S. 18 und § 4 (13), S. 27 nachzuprüfen. Das Integral $c = \int v\,dz$ der Zirkulation kann man nach § 4 (1), S. 24 anstatt über die Kontur K über den Integrationsweg $ABCD$ von Fig. 27 führen, wo AB und CD überall den in der Richtung der Gitterachse gemessenen Abstand a besitzen und im Unendlichen durch die Linien AD und BC von der Länge a verbunden sind. Wegen der Periode ia der Geschwindigkeit v ist

$$\int_A^B v\,dz = \int_D^C v\,dz.$$

Da ferner

$$\int_B^C v\,dz = -i\,a\,v_{+\infty} \qquad \int_D^A v\,dz = +i\,a\,v_{-\infty}$$

ist, so wird

$$(9) \qquad c = i\,a\,(v_{-\infty} - v_{+\infty}),$$

was zufolge (2) und (4) mit (7) übereinstimmt. Ganz ebenso findet sich

$$(10) \qquad P = \frac{\varrho}{2} \oint\limits_{K} v^2 \, dz = \tfrac{1}{2} \, i \, a \, \varrho \, (v_{-\infty}^2 - v_{+\infty}^2)$$

identisch mit (8).

Damit sind unsere früheren Schlüsse noch nachträglich in willkommener Weise durch die allgemein gültige Blasiussche Formel gestützt.

Da die Periodizität der Funktionen v und v^2 sich auf die Funktionen $v.z$ und $v^2.z$ nicht überträgt, so lassen die Momentenformeln § 3 (9) für $\mathfrak{M}$ und § 4 (13) für m eine ähnliche Umgestaltung beim Gitter nicht zu.

§ 8. Wirbelfelder.

1. Die Zahl der Konturen kann noch in anderer Weise über alle Grenzen wachsen als es beim Gitter der Fall war, nämlich so, daß sie einen ganzen Bereich vollkommen überdecken. Es ist leicht einzusehen, daß man es dann mit einem Wirbelfeld zu tun hat. Denn in dem Vergleich zwischen Tragfläche und isoliertem Wirbel, der uns bisher so nützlich war, bedeutet dieser ausgeartete Fall, daß ein ganzer Bereich der Ebene dicht mit Wirbelpunkten bedeckt oder mit Wirbelung erfüllt ist, so daß der zur Bildebene normale Vektor rot $\mathfrak{v}$ daselbst von Null verschiedene Werte besitzt. Es ist zu erwarten, daß ein solches Wirbelgebiet in einer translatorischen Strömung Auftriebskräfte erfährt, die dann allerdings nicht mehr als Oberflächenkräfte von einer Kontur aufgefangen werden können, sondern wie Massenkräfte wirken. Man muß sich etwa sämtliche Stromlinien des Gebietes, genauer gesagt, alle über diesen normal zur Bildebene errichteten Zylinder befähigt denken, den erforderlichen Zwang stetig auf das Wirbelfeld zu übertragen, praktisch z.B. in der Form von glatten, hinreichend eng gestellten Jalousieflächen, wie dies Fig. 28 zeigt [21]), die durch Überlagerung einer Parallelströmung mit der folgenden kreisförmigen Strömung entstanden ist

$$\text{innerhalb des Einheitskreises: } v_1 = \frac{i\lambda}{2\pi} \, \bar{z}$$

$$\text{außerhalb des Einheitskreises: } v_2 = \frac{i\lambda}{2\pi} \frac{1}{z},$$

wo $\bar{z} = x - iy$ zu z konjugiert komplex sein soll; für $|z| = |\bar{z}| = 1$,

d. h. für die Peripherie des Einheitskreises wird $v_1 = v_2$, und man bemerkt, daß v_1 keine analytische Funktion ist, entsprechend der Tatsache, daß sich

$$\operatorname{rot} \mathfrak{v}_1 = -\frac{\lambda}{\pi}\, \mathfrak{e} \neq 0$$

findet, wo $\mathfrak{e}$ den gegen den Beschauer der komplexen Ebene gerichteten Einheitsvektor bedeutet.

Solche kontinuierlich vom Wirbelfeld ausgeübten Kräfte spielen eine Rolle in der Lorenzschen Turbinen- und Propellertheorie *), wo sie die Aufgabe haben, zwischen der Flüssigkeit und den Schaufeln bzw. Flügeln Energie auszutauschen.

2. Die Kraftdichte $\mathfrak{P}$ und ihr Moment $\mathfrak{M}$ gehorchen natürlich dem Kutta-Joukowskyschen Satze, wie man entweder durch unmittelbare Ausrechnung [13] oder noch schneller aus dem Beweis dieses Satzes in § 2 erkennt, der ja lediglich an

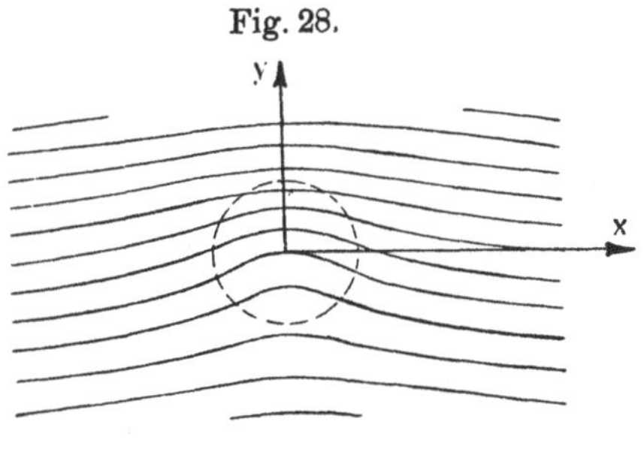

die Gültigkeit der Impulssätze und an die Voraussetzung geknüpft war, daß außerhalb einer (dort als Kontur gewählten) Kurve K überall $\operatorname{rot} \mathfrak{v} = 0$ sein sollte. Nennt man jetzt K die Umrißkurve des Wirbelfeldes (in Fig. 28 der Einheitskreis), so findet man aus § 2 (5) und (6), S. 12 auf Grund des Stokesschen Satzes (Anh. XXIII)

$$(1) \qquad \mathfrak{P} = \varrho\, \mathfrak{w}_\infty \oint\limits^{K} \mathfrak{v}\, d\mathfrak{r} = \varrho\, \mathfrak{w}_\infty \int\limits^{F} \operatorname{rot} \mathfrak{v}\, d\mathfrak{f};$$

der Vektor $d\mathfrak{f}$ ist dabei vom Beschauer weg hinter die Bildebene gerichtet, also $d\mathfrak{f} = -\mathfrak{e}\, df$.

Man prüft ferner, indem man Anh. XXIV beachtet, folgende Umformung des Vektors $\mathfrak{m}$ nach (vgl. S. 15):

$$\mathfrak{m} = \oint\limits^{K} \mathfrak{r} . \mathfrak{v}\, d\mathfrak{r} = \int\limits^{F} d\mathfrak{f}\,[\operatorname{grad} \mathfrak{v}] . \mathfrak{r} = \int\limits^{F} \mathfrak{r} . \operatorname{rot} \mathfrak{v}\, d\mathfrak{f} - \int\limits^{F} \mathfrak{w}\, df.$$

---

*) H. Lorenz, Neue Theorie und Berechnung der Kreiselräder, 2. Aufl., München und Berlin 1911.

Spaltet man von $\mathfrak{v}$ die Parallelströmung $\mathfrak{v}_\infty$ ab, so bleibt die Wirbelung $\mathfrak{v}'$ allein im Wirbelgebiet übrig, die jedenfalls den Rand K zur Stromlinie hat, und zwar ist wegen

$$\operatorname{div} \mathfrak{v}' = 0$$

oder

$$\operatorname{rot} \mathfrak{w}' = 0$$

wie in § 1 (11), S. 6

$$\mathfrak{w}' = \operatorname{grad} \chi',$$

so daß der Gaußsche Satz wie S. 14

$$\int^{F} \mathfrak{w}\, d\mathfrak{f} = \mathfrak{w}_\infty F + \oint^{K} \chi' n\, ds$$

ergibt. Weil der Parameter χ' längs K konstant ist, so verschwindet das rechtsseitige Integral nach Anh. XIX, und man hat mithin zufolge § 2 (7) und (8), S. 15 für das Moment der Kraftdichte $\mathfrak{P}$

$$(2) \qquad \mathfrak{M} = \varrho\, [\mathfrak{m}\, \mathfrak{w}_\infty] = -\varrho\left[\mathfrak{w}_\infty \int^{F} \mathfrak{r}\,.\operatorname{rot} \mathfrak{v}\, d\mathfrak{f}\right].$$

Die Ausdrücke (1) und (2) führen dazu, unter

$$(3) \qquad \begin{cases} c' = \displaystyle\int^{F} \operatorname{rot} \mathfrak{v}\, d\mathfrak{f} \\[2ex] m' = \displaystyle\int^{F} \mathfrak{r}\,.\operatorname{rot} \mathfrak{v}\, d\mathfrak{f} \end{cases}$$

die Stärke und das statische Moment der Wirbelung zu verstehen, wonach $\mathfrak{P}$ und $\mathfrak{M}$ wieder formal mit § 2 (6) und (8) übereinstimmen:

$$(4) \qquad \begin{cases} \mathfrak{P} = \varrho\, c'\, \mathfrak{w}_\infty \\ \mathfrak{M} = \varrho\, [m'\, \mathfrak{w}_\infty]. \end{cases}$$

So ist z. B. die Kraft, die das System der Zwangsflächen in Fig. 28 erfährt, von der Dichte $\varrho\, \lambda\, \mathfrak{w}_\infty$.

Es leuchtet jedenfalls ein, daß die Existenz eines Wirbelraumes die unerläßliche Bedingung für die Wirksamkeit hydraulischer Maschinen ist*); die Größe der übertragbaren Kräfte ist durch die Stärke der Wirbelung bedingt.

Dem Gitter entspricht hier der Fall, daß das Wirbelfeld in einer Richtung, etwa längs der y-Achse, sich beiderseits ins Un-

---

*) Vgl. H. Lorenz, Phys. Zeitschr. 8 (1907), S. 139—145.

endliche hinzieht, während zugleich alle partiellen Ableitungen nach y verschwinden; mithin gibt der Ausdruck § 7 (8) die Dichte der Kraft an, die ein zwischen zwei zur x-Achse im Abstande a gezogenen Parallelen eingeschlossenes Stück des Wirbelfeldes erfährt.

§ 9. Anwendung auf Propeller.

1. Der Zirkulationstheorie kommt neben der unmittelbaren Wichtigkeit für die Tragfähigkeitsberechnung von Flugzeugflügeln auch eine erhebliche Bedeutung bei der Ermittelung des Schubes rotierender Propeller zu. Ein solcher Schraubenflügel wird nun allerdings nicht wie eine Tragfläche in gerader Richtung bewegt, aber doch, wenigstens im Beharrungszustande, mit konstanter Winkelgeschwindigkeit und immer senkrecht oder nahezu senkrecht zu seiner Längsausdehnung. Es ist dann zwar nicht mehr erlaubt, die in ruhender Luft bewegte Fläche durch eine in geradlinig bewegter Luft ruhende zu ersetzen, aber unter einer gewissen Voraussetzung läßt sich für diese bisher so bequeme Vorstellungsweise ein vollwertiger Ersatz schaffen.

Der Propeller sei aus n unter sich kongruenten Flügeln zusammengesetzt, die um die Rotationsachse ganz symmetrisch verteilt sind derart, daß jede Drehung um den Winkel $2\pi/n$ das System wieder mit sich selbst zur Deckung bringt. Auf diesen Propeller werde durch die Achse ein Drehmoment D und eine Winkelgeschwindigkeit ω übertragen, wobei ein Axialschub S und eine Axialgeschwindigkeit V entstehen mag. Die vier Größen S, D, V, ω betrachten wir als konstant und bemerken zugleich, daß S und V gegenseitig durch einander bestimmt sind auf Grund des theoretisch oder empirisch ermittelten Widerstandsgesetzes, dem das Flugzeug unterworfen ist. Sieht man ferner etwa noch ω als durch die Umlaufszahl des Motors gegeben an, so bedarf es zwischen S, D, V, ω noch zweier Gleichungen, um die Wirkung eines gegebenen Propellers theoretisch zu beherrschen.

Es gibt sehr verschiedene, meist mehr oder weniger empirische Methoden, diese zwei fehlenden Gleichungen aufzufinden. Als rein hydrodynamisch begründet kann aber nur die von Rankine angesehen werden, die später von H. Lorenz ausgebaut worden ist. Diese Methode ersetzt die Propellerflügel durch einen Mechanismus von unendlich vielen unendlich dünnen Flächen, die den Schraubenstrahl analog zu § 8 in einen Wirbelraum verwandeln.

Es liegt nahe, den Schritt, der von der Zirkulation um eine diskrete Zahl von Konturen zum Wirbelfelde führte, rückwärts zu tun und statt eines Wirbelraumes mit unendlich vielen Schaufeln die um die einzelnen Propellerflügel kreisenden Zirkulationen als hydrodynamische Ursache für die auftretenden Kräfte anzusehen[11].

Denken wir uns einen Beobachter, der mit einem der n Flügel fest verbunden ist; die Strömung, die er wahrnimmt, heiße die Relativströmung, und es werde auch hier vom Einfluß der Schwere, der Kompressibilität und der Reibung abgesehen.

In der Hydrodynamik dieser Relativströmung gelten die Grundlagen des § 1 der Zirkulationstheorie, nämlich die Kontinuitätsgleichung sowie die Bernoullische Formel unter der einzigen Voraussetzung, daß weder die Geschwindigkeit $\mathfrak{v}$ noch die Wirbelung rot $\mathfrak{v}$ eine merkliche Radialkomponente besitzt.

Denn in der Tat können wir uns dann den Propellerstrahl in lauter kreiszylindrische Schichten zerlegt und jede Schicht in eine Ebene abgewickelt denken. Da keine Flüssigkeit von einer Schicht zur anderen übertritt, so gilt auch für die abgewickelte ebene Strömung die Kontinuitätsgleichung. Da ferner die radiale Wirbelkomponente verschwindet, so hat diese ebene Strömung ein Potential. Weil die Relativströmung zudem stationär ist, so sind mithin die Voraussetzungen für die Bernoullische Formel gerade gegeben.

Unsere Annahme ist bei wirklichen Strömungen freilich nur angenähert erfüllt. Wir wollen weder die tatsächliche Einschnürung des Propellerstrahles hinter der Schraube leugnen noch die Existenz einer radialen Wirbelkomponente. Beide sind aber zweifellos dynamisch von recht geringer Bedeutung: es scheint sich zu bestätigen, daß der Propeller sehr nahezu so wirkt, wie wenn es sich, kurz gesagt, um eine zylindrische Schichtströmung handelte.

2. Die abgewickelte Relativströmung einer jeden Schicht vom Axialabstand r ist eine Gitterströmung, deren Konturen die Abwickelungen der Schnitte der Flügel mit dem Kreiszylinder vom Radius r sind; die Gitterkonstante ist

$$(1) \qquad a = \frac{2\,r\,\pi}{n}.$$

Nehmen wir an, daß in unendlich großer Entfernung vor dem in der x-Achse von rechts nach links fortschreitenden Propeller die Luft in Ruhe sei, so setzt sich der Vektor $\mathfrak{v}_{-\infty}$ der Relativströmung aus den Geschwindigkeiten V und $r\omega$ in der durch Fig. 29 angedeuteten Weise zusammen. Ist $\mathfrak{v}_{+\infty}$ die Geschwindigkeit der Relativströmung in unendlicher Entfernung hinter dem Propeller, so läßt sich die tatsächliche Luftgeschwindigkeit $\mathfrak{B}_{+\infty}$ daselbst ohne weiteres ermitteln. Sie ist, wie der Vergleich mit Fig. 30

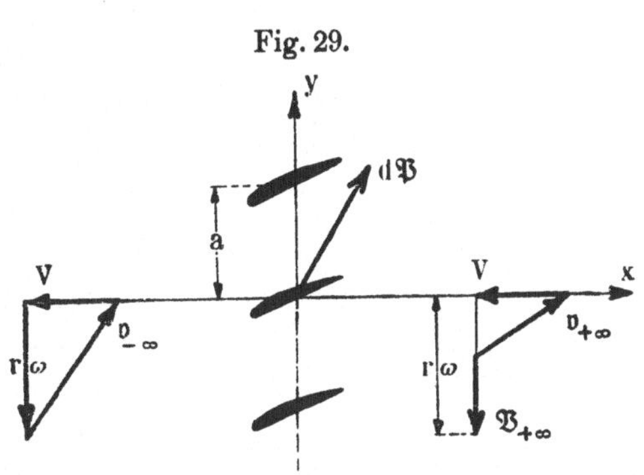

zeigt, mit den Geschwindigkeiten $\mathfrak{v}''_{-\infty}$ und $\mathfrak{v}''_{+\infty}$ der im Uhrzeigersinne kreisenden Zirkulation verbunden durch

$$\mathfrak{B}_{+\infty} = \mathfrak{v}''_{+\infty} - \mathfrak{v}''_{-\infty},$$

so daß man wegen $|\mathfrak{v}''_{+\infty}| = |\mathfrak{v}''_{-\infty}| = |v''_y|_\infty$ nach § 7 (5), S. 40 findet

$$(2) \qquad |\mathfrak{B}_{+\infty}| = \frac{c}{a} = \frac{c\,n}{2\,r\,\pi},$$

wo die Zirkulation c von Schicht zu Schicht mit r sich verändern kann. Eine solche Drehgeschwindigkeit läßt sich im hinteren Schraubenstrahl in der Tat wenigstens im Wasser bequem beobachten.

Berücksichtigt man, daß für die von der Zirkulation absehende translatorische Strömung

$$v'_\infty = V - i\left(r\,\omega - \tfrac{1}{2}|\mathfrak{B}_{+\infty}|\right) = V - i\left(r\,\omega - \frac{c\,n}{4\,r\,\pi}\right)$$

ist, so folgen aus § 4 (17), S. 27 die auf die Schichtdicke $d\,r$ bezogenen Komponenten der Kraft

$$dP_x = -\varrho\,c\left(r\,\omega - \frac{c\,n}{4\,r\,\pi}\right)d\,r$$
$$dP_y = \varrho\,c\,V\,d\,r.$$

Somit sind nach Fig. 29 (worin zur Vermeidung von Vorzeichenfehlern der Vektor $d\mathfrak{P}$, nicht der Wirklichkeit entsprechend, mit positiven Komponenten eingetragen ist) Propellerschub S und axiales Drehmoment D durch Integration über alle Flügel vom Nabenradius r_0 bis zum Außenradius r_1 bestimmt zu

$$3) \qquad S = - n \int_{r_0}^{r_1} dP_x = n \varrho \omega \int_{r_0}^{r_1} c\, r\, dr - \frac{n^2 \varrho}{4\pi} \int_{r_0}^{r_1} \frac{c^2}{r}\, dr$$

$$(4) \qquad D = \quad n \int_{r_0}^{r_1} r\, dP_y = n \varrho V \int_{r_0}^{r_1} c\, r\, dr.$$

Dies sind die beiden noch fehlenden Gleichungen. Es ist also nur noch erforderlich, die Zirkulation c als Funktion des Radius r zu ermitteln, eine Aufgabe, die bei vorgelegter Flügelform grundsätzlich lösbar ist. Wir werden eine solche Rechnung später (§ 16, **3**) durchführen.

Zweiter Abschnitt.

Analytische Darstellung der Strömung.

§ 10. Die konforme Abbildung des Strombildes.

1. Die zahlenmäßige Berechnung der Auftriebskraft und ihres Momentes setzt voraus, daß die Geschwindigkeit v der Strömung bekannt ist, wofür allerdings bei der Existenz der Fundamentalreihe (§ 4) die Kenntnis ihrer drei ersten Koeffizienten, bei Gittern die Kenntnis der Werte $v_{\pm\infty}$ sich als genügend erwiesen hat, wenn man im letzteren Falle auf die Ermittelung des Momentes keinen Wert legt. Der schwierigere Teil des Problems beginnt nun praktisch meist dann, wenn es sich darum handelt, die Funktion v oder, was nach § 3 (2), S. 17 auf dasselbe hinauskommt, die Strömungsfunktion ψ, d. h. die Gestaltung des Strombildes aufzusuchen.

Gesetzt, es liege irgendein ebenes Strombild, d. h. nach § 1 ein quadratisches Netz von φ- und χ-Linien vor, das eine Berandung K umspült, so soll dieses Bild unter Erhaltung der quadratischen Netzstruktur irgendeiner Verzerrung unterworfen werden, wobei die Kurve K in eine neue Kurve K_1 übergeht. Das verzerrte Bild stellt dann als quadratisches Netz die zur Kontur K_1 gehörige Potentialströmung dar.

Wählen wir im neuen Bilde durchweg statt der kleinen Buchstaben die entsprechenden großen, so kann die Verzerrung ausgedrückt werden in der Form einer funktionalen Abhängigkeit der neuen Koordinaten X, Y von den alten, etwa

$$(1) \qquad \begin{cases} X = p(x, y) \\ Y = q(x, y), \end{cases}$$

wo der Natur der Sache nach p und q eindeutige, stetige, differentiierbare Funktionen sein werden, die überdies in eigenartiger Weise zusammenhängen.

Die Art der Verzerrung, die man auch eine konforme Abbildung nennt, bringt es nämlich offenbar mit sich, daß die beiden Bilder, wie man leicht verständlich sagt, in den kleinsten Teilen ähnlich sind. Dies drückt sich analytisch dadurch aus, daß der Quotient $dZ:dz$ sämtlicher einander zugeordneter Wegelemente, die von entsprechenden Punkten $z = x + iy$ und $Z = X + iY$ ausgehen, denselben Wert haben muß, der sich allerdings von Punkt zu Punkt ändern mag. Führt man wieder Polarkoordinaten mit den Polen Z bzw. z ein (Fig. 31), so kann man setzen

$$\frac{dZ}{dz} = \frac{dR}{dr}\,\frac{e^{i\Theta}}{e^{i\vartheta}} = \frac{dR}{dr}\,e^{i(\Theta-\vartheta)}.$$

Der reelle Faktor dR/dr dieses Quotienten stellt dann das Vergrößerungsverhältnis der Verzerrung an der betreffenden Stelle z vor; der komplexe Faktor $e^{i(\Theta-\vartheta)}$ gibt die Richtungsdifferenz $\Theta - \vartheta$ an; und es muß also verlangt werden, daß für einen bestimmten Punkt z beide Faktoren konstant seien.

Fig. 31.

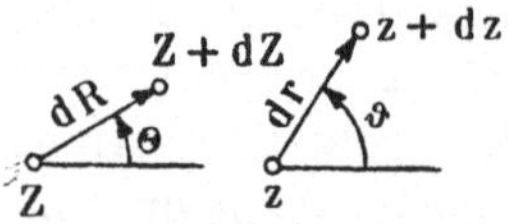

Legt man das Element dz das eine Mal in die x-Achse ($dz = \partial x$), das andere Mal in die y-Achse ($dz = i\,\partial y$), so muß sein

$$\frac{\partial Z}{\partial x} = \frac{\partial Z}{i\,\partial y}$$

oder

$$\frac{\partial X}{\partial x} + i\,\frac{\partial Y}{\partial x} = -i\,\frac{\partial X}{\partial y} + \frac{\partial Y}{\partial y}$$

oder nach (1), indem man beiderseits die reellen Glieder einander gleichsetzt und ebenso die imaginären,

$$\frac{\partial p}{\partial x} = \frac{\partial q}{\partial y}$$

$$\frac{\partial p}{\partial y} = -\frac{\partial q}{\partial x}.$$

Das sind genau die Formeln § 3 (1), S. 16, die besagen, daß p und q der Real- und Imaginärteil ein und derselben analytischen Funktion von z sind. Wir sind demnach berechtigt, die Gleichungen (1) in

(2) $$Z = f(z)$$

zusammenzufassen und den Tatbestand dahin auszudrücken:

Nicht nur die Strömungsfunktionen $\psi = \varphi + i\chi$ und $\Psi = \Phi + iX$ bzw. die Geschwindigkeiten

$$\frac{d\psi}{dz} = v = v_x - iv_y$$

$$\frac{d\Psi}{dZ} = V = V_x - iV_y$$

zweier Potentialströmungen, sondern auch die Funktion $Z = f(z)$, welche die konforme Abbildung der beiden Strombilder aufeinander vermittelt, sind analytische Funktionen.

An allen Stellen allerdings, wo das Verzerrungsverhältnis

$$\frac{dZ}{dz} = f'(z)$$

entweder Null oder unendlich wird, ist die Konformität gefährdet: die Abbildung hört an solchen Punkten auf, konform zu sein, ohne jedoch im ganzen darunter zu leiden, vorausgesetzt, daß alle diese Stellen auf oder innerhalb der Kontur liegen.

Es ist ferner ersichtlich, daß sich bei der Abbildung die Werte $Z = \infty$ und $z = \infty$ entsprechen müssen, d. h. daß $f(\infty) = \infty$ sein muß. Im Sinne der Theorie der analytischen Funktionen ist ja das Unendlichferne der ganzen Bildebene ein Punkt (man stellt sich die z-Ebene als unendlich große Kugel vor, deren einer Pol der Nullpunkt, deren anderer der unendlich ferne Punkt ist). Da nun alle Stromlinien durch diesen unendlich fernen Punkt hindurchgehen, so müßten bei einer Abbildung, die den unendlich fernen Punkt in das Endliche herbringt, alle Stromlinien durch diesen Bildpunkt hindurchgehen, der damit zu einer Quelle und Senke von unendlicher Mächtigkeit würde.

2. Bei der konformen Abbildung des Strombildes ändert sich die Zirkulation nicht.

Nach der schon am Schluß von § 2, **2**, S. 13, angezogenen Gleichung

$$c = \oint^K d\varphi$$

läßt sich nämlich c deuten als die algebraische Summe der Anzahl der Potentiallinien, die zu äquidistanten, jedesmal um die Einheit differierenden Parameterwerten φ gehören und die man

4*

bei einem Umlauf um die Kontur überschreitet, wenn man jeden Schritt positiv oder negativ zählt, je nachdem man zu höheren oder niedereren φ-Werten übergeht. Da sich die beiden Strombilder Linie für Linie entsprechen, so ist die Zirkulation C dieselbe Zahl.

Dagegen sind im allgemeinen die statischen Momente der Zirkulation m und M und ebenso die Geschwindigkeiten v und V und also insbesondere auch v_∞ und V_∞ durchaus verschieden. Da die komplexen Parameter Punkt für Punkt übereinstimmen, d. h. da $\psi(z) = \Psi(Z)$ ist, so ist nämlich

$$(3) \qquad v = \frac{d\psi}{dz} = \frac{d\Psi}{dZ}\frac{dZ}{dz} = Vf'(z)$$

$$(4) \qquad M = \oint^{K_1} ZV\,dZ = \oint^{K_1} Z\,d\Psi = \oint^{K} f(z)\,d\psi = \oint^{K} f(z)\,v\,dz,$$

während

$$m = \oint^{K} z\,v\,dz$$

war. Diese Verschiedenheit rührt namentlich daher, daß das graphische Bild der Strömungsfunktion ψ und nicht das Geschwindigkeitsfeld v der Abbildung unterworfen wird. Infolgedessen geben die beiden Strömungen im allgemeinen zu ganz verschiedenen Kräften P und P_1 bzw. Momenten $\mathfrak{M}$ und $\mathfrak{M}_1$ auf die Konturen K und K_1 Veranlassung; und zwar ist für den Fall, daß die Voraussetzungen von § 4, **2** erfüllt sind, nach (3) und § **4** (16), S. 27

$$(5) \qquad\qquad P = f'(\infty)P_1,$$

während die Momente einer so einfachen Vergleichung überhaupt nicht zugänglich sind.

Gelingt es, eine zyklische Strömung um irgendeine primitive Kontur K_1 von vornherein aufzufinden, so ist die analytische Darstellung der zu einer anderen Kontur K gehörigen zyklischen Strömung darauf zurückgeführt, diejenige Funktion $f(z)$ zu suchen, welche die erforderliche Abbildung von K in K_1 leistet. Die Durchrechnung ist nach allgemein entwickelten Methoden zwar für jede beliebige Kontur möglich, praktisch aber aussichtslos, wenn man nicht durch einfache Kunstgriffe unmittelbar zum Ziel kommt, wie in einzelnen Fällen, deren für die Flugtechnik wichtigsten wir nunmehr zu behandeln haben.

§ 11. Die kreisförmige Kontur.

1. Als primitive Kontur K_1 bietet sich von selbst ein Kreis um den Punkt $Z = 0$ mit Radius R dar. Denn einerseits ist uns die zirkulatorische Strömung um diesen nach § 3 (14), S. 21 schon bekannt

$$V_{\text{I}} = \frac{i\,\varLambda}{Z}$$

$$\varPsi_{\text{I}} = i\,\varLambda\,\lgnat Z,$$

wo die reelle Konstante $\varLambda$ mit der Zirkulation nach § 4 (18) und § 5 (1), S. 28 durch

$$(1) \qquad c = 2\,\pi\,\varLambda$$

verknüpft ist. Andererseits legt es § 5 (4) im Hinblick auf Fig. 16, S. 31 nahe, die translatorische Strömung um den Kreis R aus einer Parallelströmung und einer bizirkulatorischen in der Form

$$V_{\text{II}} = V_\infty + \frac{A + iB}{Z^2}$$

zusammenzusetzen, wo $A + iB$ eine komplexe Konstante ist, die so bestimmt werden muß, daß die Schar der Stromlinien den Kreis R enthält. Nun ist

$$\varPsi_{\text{II}} = V_\infty Z - \frac{A + iB}{Z},$$

mithin die Stromfunktion

$$X_{\text{II}} = \frac{(X^2 + Y^2)(V_{x\infty}\,Y - V_{y\infty}\,X) + (A\,Y - BX)}{X^2 + Y^2}.$$

Damit sich im Zähler der rechten Seite die Funktion $X^2 + Y^2 - R^2$, die dem Parameterwert $X_{\text{II}} = 0$ den Kreis R zuordnet, abspalten läßt, ist notwendig, daß

$$A = - V_{x\infty}\,R^2$$

$$B = - V_{y\infty}\,R^2$$

sei, so daß man mit der zu V konjugiert komplexen Größe $\overline{V} = V_x + iV_y$ erhält

$$\varPsi_{\text{II}} = V_\infty Z + \frac{\overline{V}_\infty R^2}{Z}.$$

Insgesamt wird also

$$(2) \qquad \varPsi = V_\infty Z + i\,\varLambda\,\lgnat Z + \frac{\overline{V}_\infty R^2}{Z}$$

die allgemeinste zyklische Strömung um den Kreis R darstellen, die sich überall außerhalb R regulär und im Unendlichen wie V_∞ verhält. Die Geschwindigkeit ist

$$(3) \qquad V = V_\infty + \frac{i\varLambda}{Z} - \frac{\overline{V}_\infty R^2}{Z^2} \qquad (|Z| \geqq R).$$

2. Wir beschränken uns in keiner Weise durch die vereinfachende Annahme, daß der Imaginärteil von V_∞ verschwinden soll, womit dann zugleich $\overline{V}_\infty = V_\infty$ wird; dies bedeutet, daß die x-Achse nach der Geschwindigkeit im Unendlichen orientiert gedacht ist. Die Strömung hat hiernach zwei Staupunkte, Z_1 und Z_2, die der quadratischen Gleichung gehorchen

$$Z^2 + \frac{i\varLambda}{V_\infty} Z - R^2 = 0,$$

woraus folgt

$$(4) \qquad \begin{cases} Z_1 + Z_2 = - \dfrac{i\varLambda}{V_\infty} \\[2ex] Z_1 - Z_2 = \dfrac{1}{V_\infty} \sqrt{4 R^2 V_\infty^2 - \varLambda^2} \end{cases}$$

$$(5) \qquad Z_1 Z_2 = - R^2.$$

Da jede Gleichung durch Vertauschen von i mit $-i$ richtig bleibt, so ist auch

$$\overline{Z}_1 \, \overline{Z}_2 = - R^2,$$

wo der Überstrich die konjugiert komplexen Größen charakterisieren soll. Für die absoluten Beträge folgt mithin

$$(6) \quad |Z_1| \cdot |Z_2| = \sqrt{X_1^2 + Y_1^2}\, \sqrt{X_2^2 + Y_2^2} = \sqrt{Z_1 \overline{Z}_1}\, \sqrt{Z_2 \overline{Z}_2} = R^2.$$

Setzt man zunächst

$$(7) \qquad \varLambda^2 < 4 R^2 V_\infty^2$$

voraus, so besagt (4), daß die Punkte Z_1 und Z_2 zur y-Achse spiegelbildlich liegen; denn dann und nur dann ist die Summe ihrer Z-Werte rein imaginär, die Differenz aber reell. Da demnach ihre Entfernungen vom Ursprung des Koordinatensystems, d. h. die absoluten Beträge $|Z_1|\,|Z_2|$ gleich groß sind, so ist aus (6) zu folgern, daß beide Staupunkte auf dem Kreise R im gegenseitigen Abstande $|Z_1 - Z_2|$ liegen (Fig. 32). Man nennt sie, da ihre Stromlinie sich daselbst zur Umschlingung der Kreiskontur spaltet, auch Spaltungspunkte.

Ist
$$(8) \qquad \qquad \Lambda^2 = 4\,R^2\,V_\infty^2,$$

so fallen sie beide in den Durchstoßungspunkt der positiven oder negativen y-Achse mit dem Kreise R.

Ist endlich
$$(9) \qquad \qquad \Lambda^2 > 4\,R^2\,V_\infty^2,$$

so schließt man aus (4) und (5), da nun auch die Differenz $Z_1 - Z_2$ rein imaginär wird, daß beide Staupunkte auf der y-Achse liegen, und zwar der eine außerhalb, der andere (hier bedeutungslose) innerhalb des Kreises R (Fig. 33). (Die Figuren gelten für positive Werte des Produktes $\Lambda\,V_\infty$ und wären für negative um die x-Achse umzuklappen.)

Saugpunkte kommen nirgends vor.

Der Auftrieb fällt in die y-Achse und hat nach (1) die Dichte

$$(10) \qquad P = 2\,\pi\,\varrho\,\Lambda\,V_\infty.$$

Aus der Fundamentalreihe (3) der Geschwindigkeit folgen nach § 4 (19), S. 28 die Koordinaten des Schwerpunktes der Zirkulation

$$X_0 = 0, \qquad Y_0 = \frac{V_\infty\,R^2}{\Lambda},$$

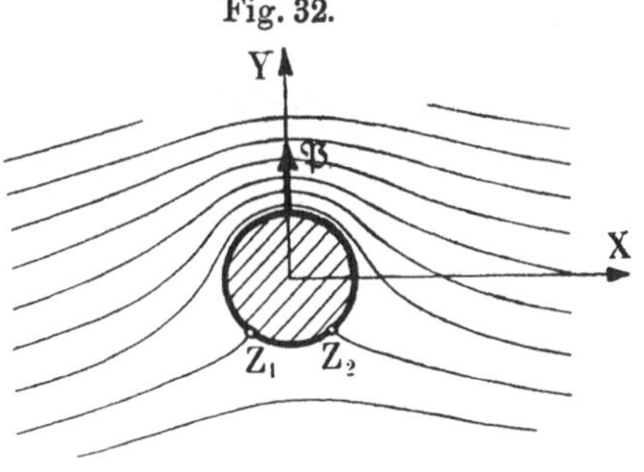

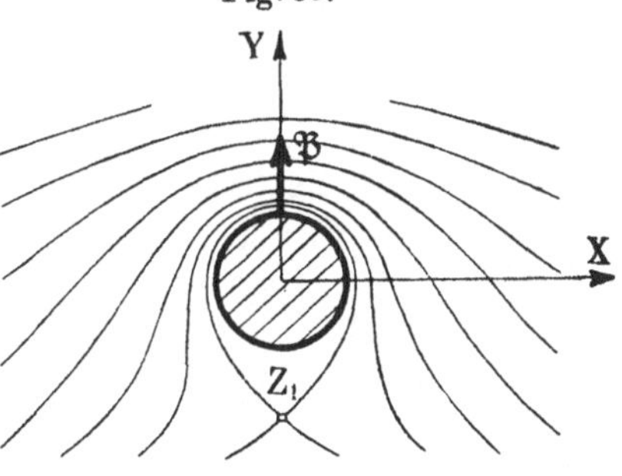

während das Moment des Auftriebes, bezogen auf den Ursprung, verschwindet. Der Schwerpunkt der Zirkulation liegt zwar auf der Angriffslinie der Kraft, fällt aber nicht mit deren Angriffspunkt, hier offenbar dem Kreismittelpunkt, zusammen.

3. Über die Zirkulation $2\,\pi\,\Lambda$ ist damit noch nichts bestimmt; sie läßt sich durch rein hydrodynamische Erwägungen überhaupt nicht feststellen. Der Fall kommt indessen praktisch vor, wenn ein langer Kreiszylinder senkrecht zu seiner Längsausdehnung in ruhender Luft mit der Geschwindigkeit $-\,V_\infty$ geworfen und dabei

gleichzeitig um seine Achse mit der Winkelgeschwindigkeit ω gedreht wird, und man wird dann annehmen dürfen, daß, da die nächsten Luftschichten an der Oberfläche haften bleiben und mitrotieren, schließlich eine Zirkulation von der Stärke $2\pi A = R\omega.2R\pi$ den Zylinder umkreist, so daß er bei einem Querschnitt F auf die Einheit seiner Länge eine völlig bestimmte Kraft vom Betrage $2\pi\varrho\omega R^2 V_\infty = 2\varrho\omega F V_\infty$ erfährt, deren Richtung gegenüber der Wurfrichtung um 90^0 im Sinne der Rotation gewendet ist. Je nachdem er sich langsamer oder schneller dreht, als wenn er mit halbem Radius auf einer zur Wurfrichtung und zu seiner Achse parallelen Ebene ohne Gleitung abrollte, liegt der Fall der Fig. 32 oder der Fig. 33 vor. Ist diese Ebene horizontal, so bleibt er mit seiner spezifischen Masse $\varrho_1 > \varrho$ unter Berücksichtigung des archimedischen Auftriebes gegen die Schwerkraft in der Schwebe, falls für seine Bewegung

$$\omega V_\infty \geqq \frac{g}{2}\left(\frac{\varrho_1}{\varrho} - 1\right)$$

ist.

Man kann diese Erscheinung, wenigstens qualitativ, leicht experimentell verwirklichen, wenn man statt des Zylinders einen Ball benutzt und diesen schräg anschlägt [Lord Rayleigh [26])].

§ 12. Die ebene Tragfläche.

1. Die wichtigste Frage des dynamischen Fluges ist die nach der Größe des Auftriebes der Längeneinheit einer Tragfläche, die wir zunächst der Einfachheit wegen als eben, überall von gleicher Breite $2b$ und unendlicher Länge voraussetzen werden. Um sie zu lösen, haben wir die zyklische Strömung um den Kreis R als primitiver Kontur so abzubilden, daß dieser in eine gerade Strecke von der Länge $2b$ übergeht, die zwischen den Punkten $z = -b$ oder A und $z = +b$ oder B ausgespannt sein mag (Fig. 34). Legen wir die beiden Strombilder so aufeinander, daß sich die X- und x-Achse decken und ebenso die Y- und y-Achse, so haben wir es etwa so einzu-

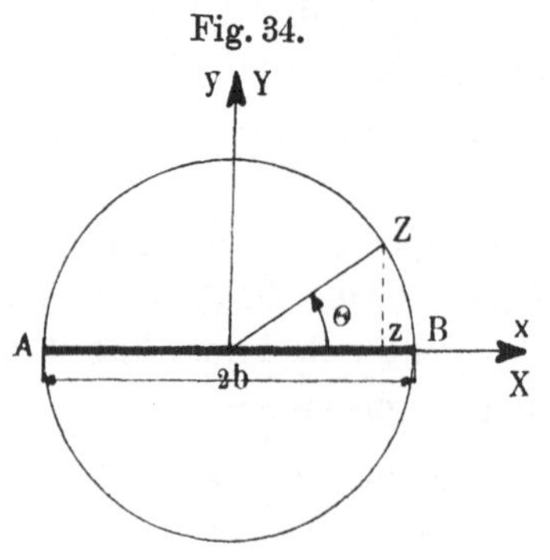

Fig. 34.

richten, daß jedem Punkt des um den Ursprung beschriebenen Kreises vom Radius $R = b$ bei der Abbildung seine Projektion auf die x-Achse entspricht, also dem Punkt

$$(1) \qquad Z = b e^{i\theta}$$

der Punkt

$$(2) \qquad z = b \cos\theta.$$

Die Verknüpfung der beiden Veränderlichen durch eine analytische Funktion gelingt leicht; addiert man nämlich zu (1) die daraus folgende Identität

$$\frac{b^2}{Z} = b e^{-i\theta},$$

so folgt mit (2)

$$(3) \qquad 2z = Z + \frac{b^2}{Z}$$

oder auch, nach Z aufgelöst,

$$(4) \qquad Z = z + \sqrt{z^2 - b^2} \equiv f(z)$$

als abbildende Funktion, die nur für $|Z| \geq b$ einen Sinn hat und insbesondere, wie es zu verlangen war, die Punkte $Z = \infty$ und $z = \infty$ einander zuordnet. Aus

$$(5) \qquad \frac{dZ}{dz} = \frac{2Z^2}{Z^2 - b^2} = 1 + \frac{z}{\sqrt{z^2 - b^2}} \equiv f'(z)$$

ist zu schließen, daß die Abbildung in den Punkten $z = \pm\, b$, d. h. an den Streckenenden aufhört konform zu sein. Dies war zu erwarten, da die Krümmung der Stromlinien in der Nachbarschaft dieser Punkte wahrscheinlich über alle Grenzen wachsen wird, während sie an den entsprechenden Stellen der Z-Ebene endlich bleibt.

Das Strombild kann qualitativ aus den Fig. 32 und 33, die natürlich zuvor aus ihrer zur Y-Achse symmetrischen Lage herauszudrehen sind, leicht erhalten werden. Insbesondere liegen entweder auf der Kontur zwei (eventuell zusammenfallende) Spaltungspunkte (Fig. 35) oder einer abseits (Fig. 36).

Da nach (5) $f'(\infty) = 2$ ist, so wird die Geschwindigkeit und ihr konjugiert komplexer Wert im Unendlichen nach § 10 (3), S. 52

$$(6) \qquad v_\infty = 2 V_\infty, \qquad \bar{v}_\infty = 2 \bar{V}_\infty$$

und allgemein nach (5) und § 11 (3), S. 54

$$(7) \qquad v = \frac{Z^2}{Z^2 - b^2}\left(v_\infty + \frac{2i\varLambda}{Z} - \frac{v_\infty b^2}{Z^2}\right),$$

worin man noch z vermöge (4) einsetzen mag.

Schreibt man statt (7)

$$v = \frac{1}{2}(v_\infty + \bar{v}_\infty) + \frac{1}{2}(v_\infty - \bar{v}_\infty)\frac{Z^2 + b^2}{Z^2 - b^2} + \frac{2i\varLambda Z}{Z^2 - b^2}$$

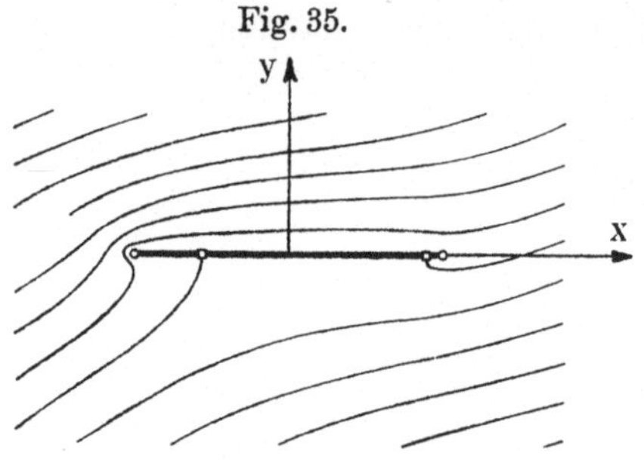

Fig. 35.

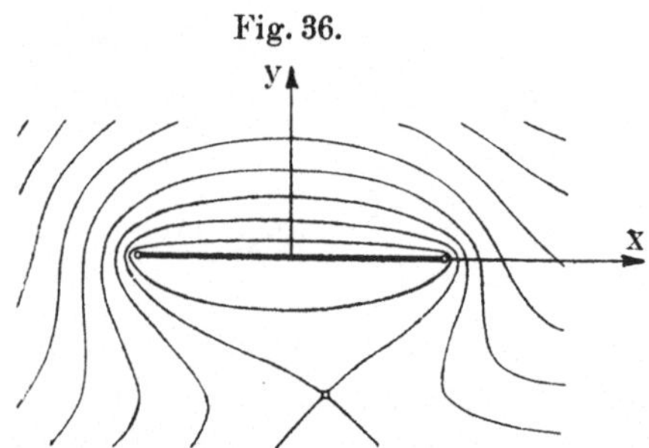

Fig. 36.

und beachtet, daß aus (3)

$$\frac{1}{\sqrt{z^2 - b^2}} = \frac{2Z}{Z^2 - b^2},$$

$$\frac{z}{\sqrt{z^2 - b^2}} = \frac{Z^2 + b^2}{Z^2 - b^2}$$

folgt, so hat man wegen

$$v_\infty + \bar{v}_\infty = 2v_{x\infty},$$
$$v_\infty - \bar{v}_\infty = -2iv_{y\infty}$$

für die Geschwindigkeit

$$(8) \quad v = v_{x\infty} - i\,\frac{z v_{y\infty} - \varLambda}{\sqrt{z^2 - b^2}};$$

das Vorzeichen der Quadratwurzeln wechselt, wenn man von der einen Seite der Strecke AB durch einen der Punkte $z = \pm b$ hindurchgehend auf die andere Seite tritt, und soll bei positiven Werten von $v_{y\infty}$ und $\varLambda$ für die positiv imaginäre Seite als positiv festgesetzt gelten, entsprechend den Pfeilen der drei Teilströmungen der Fig. 37.

Die Geschwindigkeit überschreitet im allgemeinen jede endliche Grenze in den Streckenenden A und B, die dann Saugpunkte sind. Sie bleibt an beiden Stellen endlich nur in dem uninteressanten Falle $v_{y\infty} = \varLambda = 0$ einer geradlinigen Strömung parallel der x-Achse. Dagegen gibt es einen ausgezeichneten, von Null verschiedenen Wert der Zirkulation $c = 2\pi\varLambda$, der wenigstens an einem Streckenende, etwa an der „Hinterkante" B, die Geschwindigkeit auf einen endlichen Betrag herabdrückt. Wählt man nämlich

$$\varLambda = bv_{y\infty},$$

also

(9)
$$c = 2\pi b\, v_{y\infty},$$

so hat man statt (8)

(10)
$$v = v_{x\infty} + v_{y\infty} \sqrt{\frac{b-z}{b+z}}.$$

An der Vorderkante $z = -b$ tritt nach wie vor Kavitation auf, an der Hinterkante $z = b$ strömt die Luft mit der Geschwindigkeit $v_{x\infty}$ glatt ab.

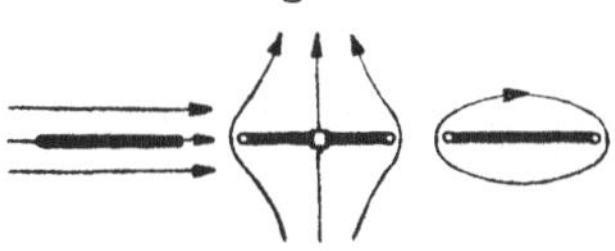
Fig. 37.

Dieses glatte Abfließen ist dadurch zu erklären, daß für $A = b v_{y\infty}$ der eine der beiden Spaltungspunkte in den Saugpunkt B hineingerückt ist. Die Koordinaten des zweiten Spaltungspunktes $z_1 = x_1 + i y_1$ findet man aus (10), wenn man den sogenannten Anstellwinkel β der Tragfläche durch

(11)
$$\operatorname{tg} \beta = \frac{v_{y\infty}}{v_{x\infty}}$$

einführt, nach kurzer Zwischenrechnung:

(12)
$$\begin{cases} x_1 = -b \cos 2\beta, \\ y_1 = 0. \end{cases}$$

Dieser Punkt liegt demnach stets auf der Vorderhälfte der Kontur AB, und das Strombild läßt sich hiernach leicht entwerfen (Fig. 38).

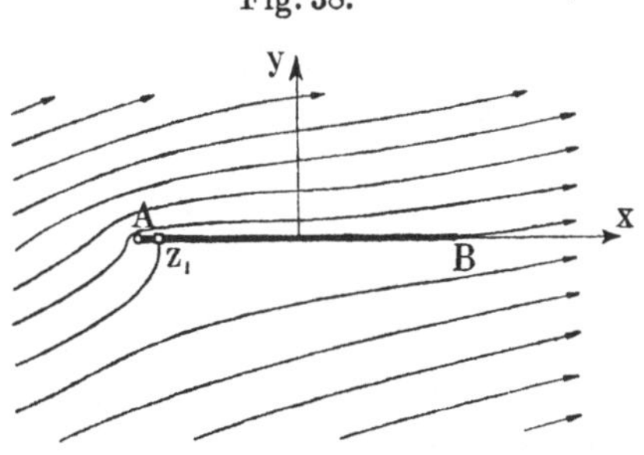
Fig. 38.

In der Flugtechnik kommen nur kleine Anstellwinkel β von wenigen Graden in Betracht, und für solche beobachtet man tatsächlich glatten Abfluß an der Hinterkante. Mithin wird man berechtigt sein, umgekehrt wieder zu schließen, daß sich von selbst eine Zirkulation von der Stärke (9) einstellt; aber rein hydrodynamisch läßt sich diese Annahme auch hier nicht begründen, wenigstens solange man von der Reibung absieht (vgl. § 17).

Die Dichten der Auftriebskomponenten finden sich, wenn $|v_\infty| = v$ die Anblas- bzw. Fluggeschwindigkeit bedeutet, mit (9) nach § 4 (17), S. 27 zu

$$(13) \qquad \left\{ \begin{aligned} P_x &= -2\pi\varrho b v_{y\infty}^2 \\ P_y &= 2\pi\varrho b v_{x\infty} v_{y\infty} \end{aligned} \right\} \quad |P| = 2\pi\varrho b v^2 \sin\beta.$$

Um die Angriffslinie des Auftriebes zu ermitteln, stellt man die Fundamentalreihe für v her. Für $|z| > b$ liefert die Binomialentwickelung aus (10)

$$v = v_{x\infty} - i v_{y\infty} \left(1 - \frac{b}{2z} - \frac{b^2}{8z^2} - \cdots \right)\left(1 - \frac{b}{2z} + \frac{3b^2}{8z^2} - + \cdots \right)$$

$$= v_{x\infty} - i v_{y\infty} + \frac{i b v_{y\infty}}{z} - \frac{i b^2 v_{y\infty}}{2z^2} + \cdots,$$

so daß der hier mit dem Angriffspunkt der Kraft zusammenfallende Schwerpunkt der Zirkulation nach § 4 (19), S. 28 die Koordinaten

$$(14) \qquad \left\{ \begin{aligned} x_0 &= -\frac{b}{2} \\ y_0 &= 0 \end{aligned} \right.$$

besitzt.

Der Auftrieb besteht aus einer Druckkraft von der Dichte

$$\mathfrak{D} = \pi\varrho b v^2 \sin 2\beta$$

senkrecht zur Tragfläche und einer Saugkraft von der Dichte

$$\mathfrak{S} = 2\pi\varrho b v^2 \sin^2\beta$$

in der Richtung BA; die Resultante liegt zur Flugrichtung senkrecht, und ihr Angriffspunkt ist von der Vorderkante um den vierten Teil der Flügelbreite entfernt.

Dieser Satz wird später (§ 17 und § 18) noch verschiedener Korrektionen bedürfen.

2. Es ist wichtig, die Kraft noch auf eine zweite Art zu berechnen. Bezeichnet man mit p_0 ($= 10333$ kg/m²) den Luftdruck bei 760 mm Quecksilbersäule, so ist nach der Bernoullischen Formel § 1 (5), S. 5 der Druck auf der Ober- bzw. Unterseite der Tragfläche zufolge (10) und (11) durch den Ausdruck

$$(15) \qquad p = p_0 - p' = p_0 - \frac{\varrho}{2} v_{x\infty}^2 \left(1 \pm \sqrt{\frac{b-z}{b+z}} \, \mathrm{tg}\,\beta \right)^2$$

gegeben. Das zweite Glied rechts, der dynamische Unterdruck p', nimmt, ausgerechnet für

$$v_{x_\infty} = 20\,\text{m/sec}, \qquad v_{y_\infty} = 2\,\text{m/sec},$$

also $\beta = 6^\circ$ und die Dichte $\varrho = 0{,}1245\,\text{kgm}^{-4}\,\text{sec}^2$ [einer Temperatur von 15° C entsprechend, vgl. § 1 (1)] Werte an, die in dem Diagramm Fig. 39 für die Ober- und Unterseite zusammen mit ihrer jeweiligen Differenz aufgetragen sind, so daß der Inhalt des schraffierten Flächenstücks unmittelbar die Größe des Druckauftriebes angibt. Der vordere Spaltungspunkt, einem Druck $p' = 0$ entsprechend, liegt auf der Unterseite bei $z = -0{,}978 \cdot b$, während rings um A etwa in einem Umkreise von $0{,}001 \cdot b$ Kavitation zu erwarten ist, insofern p' von etwa $z = -0{,}999 \cdot b$ an der Atmosphäre p_0 das Gleichgewicht hält oder gar diese übertrifft.

Zunächst findet sich unsere Behauptung von § 1, **1** bestätigt, daß die Druckdifferenzen gegenüber der Atmosphäre, wenn man von einem sehr engen Bereich in der Umgebung von A absieht, nur wenige Tausendstel betragen, wonach die Kompressibilität der Luft sowohl in der hydrodynamischen Grundgleichung § 1 (2) wie bei der Berechnung von ϱ [§ 1 (1)] ganz unbedenklich außer acht bleiben

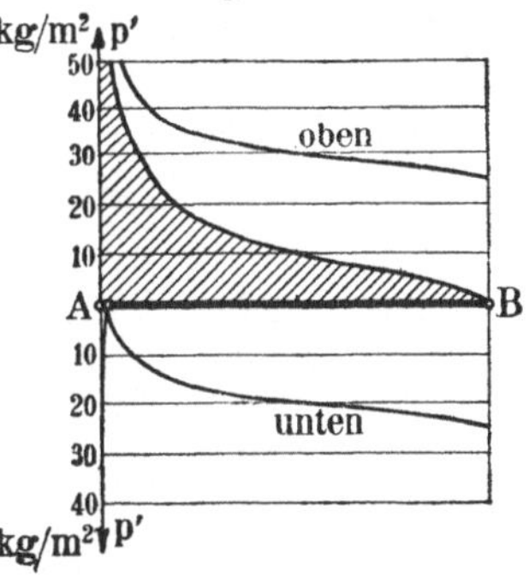

Fig. 39.

konnte. Das Diagramm zeigt ferner, daß, entgegen der landläufigen Meinung, ein gegen eine Tragfläche geblasener Luftstrom diese keineswegs nach oben drückt, sondern viel eher saugt; es treten dabei nämlich auf beiden Seiten, verglichen mit der Spannung der ruhenden Luft, Unterdrücke auf; diejenigen auf der Oberseite sind jedoch größer, und mithin überwiegt die Saugkraft auf der Oberseite diejenige auf der Unterseite.

Vergleicht man den Druck, was vielleicht billig ist, mit der Spannung der bewegten Luft in großer Entfernung vor der Tragfläche, so hat man unten geringe Überdrücke, oben ziemlich stärkere Unterdrücke.

Ebenso wird die in ruhender Luft bewegte Fläche mehr nach oben gesaugt als gedrückt: das Flugzeug schwebt weniger auf einem Luftpolster unter ihm als es von einem Unterdruckgebiet über ihm gehoben wird. Der ganze tragende Bereich erstreckt sich übrigens ringsum erheblich weiter, als gemeinhin angenommen zu werden pflegt, vgl. Fig. 38, S. 59.

Bezeichnet man mit

$$P_y^{\pm} = \int_{-b}^{+b} p \, d x$$

die Dichte des auf die Längeneinheit der Ober- bzw. Unterseite bezogenen Druckauftriebes, so findet man aus (15), worin man x statt z schreiben mag, durch Integration

$$P_y = P_y^- - P_y^+ = 2 \varrho \, v_{x\infty}^2 \, \mathrm{tg} \, \beta \int_{-b}^{+b} \sqrt{\frac{b-x}{b+x}} \, d x.$$

Da das Integral gleich πb ist, so kehrt man wieder zum früheren Wert (13) zurück.

Auch die Saugkraft kann unmittelbar gefunden werden. In der Nähe des Punktes $z = -b$ verhält sich nämlich die Geschwindigkeit (10) wie die Funktion $v_{y\infty}\sqrt{2b} : \sqrt{z+b}$. Der zu § 3 (13), S. 21 formulierte Satz liefert dann, wie man leicht feststellt, genau den Betrag von P_x in (13).

Abhängig von der Anblasgeschwindigkeit v und dem Anstellwinkel β findet man für die beiden Komponenten folgende auf die Flächeneinheit reduzierten Werte:

P_x kg/m²				P_y kg/m²			
$v =$	10	20	30	40 m/sec	$v =$	10	20	30	40 m/sec
$\beta = 2^0$	0,05	0,19	0,43	0,76	$\beta = 2^0$	1,22	4,90	11,02	19,58
4^0	0,19	0,76	1,71	3,04	4^0	2,72	10,88	24,48	43,52
6^0	0,43	1,71	3,84	6,83	6^0	4,06	16,24	36,54	64,96
8^0	0,76	3,02	6,80	12,10	8^0	5,38	21,52	48,42	86,08
10^0	1,18	4,71	10,60	18,85	10^0	6,68	26,73	60,14	106,91

Prüft man diese Zahlen an quadratischen Platten nach, so ergeben sich etwa dreimal kleinere Werte; wählt man hingegen rechteckige Platten, so nähert man sich in der Tat den für unendlich lange Platten gültigen theoretischen Beträgen um so genauer an, je kleiner das Verhältnis von Breite zu Länge, das sogenannte Seitenverhältnis ist. Wir werden später (§ 18) hierauf zurückzukommen haben.

Die Kontur befindet sich, im Punkte $x_0 = -\frac{1}{2}b$ gestützt, im indifferenten Gleichgewicht, denn die Lage des Angriffspunktes des Auftriebes ist nach (14) unabhängig vom Anstellwinkel. Die Erfahrung bestätigt dieses Ergebnis, was die Größe von x_0 anbetrifft, ziemlich gut; doch schwankt der Wert praktisch je nach dem Seitenverhältnis zwischen den Grenzen $-0,3.b$ und $-0,7.b$ und pflegt mit wachsendem Anstellwinkel gegen die Plattenmitte hin zu wandern, was zweifellos darin seine Erklärung findet, daß die fundamentale Annahme glatten Abfließens an der Hinterkante unabhängig vom Anstellwinkel zwar sehr angenähert, wie die im wesentlichen richtigen Auftriebswerte anzeigen, aber nicht ganz streng erfüllt ist, und daß die tatsächliche Strömung um die Platte doch erheblich komplizierter ist als es Fig. 38, S. 59 glauben machen will.

Auf Grund der Tatsache, daß der Angriffspunkt der Kraft stets zwischen Mitte und Vorderkante liegt, erklären sich übrigens ganz ungezwungen auch die schaukelnden Bewegungen, die an fallenden Blättern zu beobachten sind. Die Vorderkante des schräg abgleitenden Blattes wird gehoben, die Abwärtsbewegung geht in eine Aufwärtsbewegung über, die alsbald abgebremst ist, wonach das Blatt mit der bisherigen Hinterkante voran weitersinkt und das Kräftespiel von neuem beginnt.

3. Während man also der Beziehung (9), S. 59 wenigstens für die in der Flugpraxis üblichen kleinen Anstellwinkel volles Vertrauen entgegenbringen darf, so liegt allerdings ein triftiges Bedenken gegen die Zulässigkeit unendlich großer Geschwindigkeiten an der Vorderkante A vor. Die dort unvermeidliche Kavitation müßte erhebliche Störungen veranlassen. Es ist bekannt, daß sowohl die Vogelflügel wie die Tragflächen bewährter Flugzeuge als Schutz dagegen eine deutliche, mit Abrundung verbundene Verdickung der Vorderkante aufweisen, so daß die zugehörige Kontur (wenn man von der nachher zu behandelnden bogenförmigen Verzerrung, die der ganze Linienzug außerdem erfährt, vorläufig noch absieht) durch eine Kurve K' dargestellt wird, die sich der geraden Strecke $K = AB$ nach Art der Fig. 40, S. 64 anschmiegt; man könnte K als das Skelett von K' bezeichnen.

Die Abbildungsfunktion (3), S. 57 erlaubt, mit geringer Mühe von der Strecke K zur Kontur K' überzugehen. Man hat nur neben dem Kreise R mit Radius b einen weiteren R' um den Punkt $Z_0 = -\varepsilon b$ zu betrachten, wo ε eine in der Regel kleine Zahl ist. Die beiden Kreise R und R' sollen sich in B berühren. Wie nun der Kreis R durch die analytische Funktion (3) in die doppelt zu denkende Strecke K abgebildet wird, so verwandelt

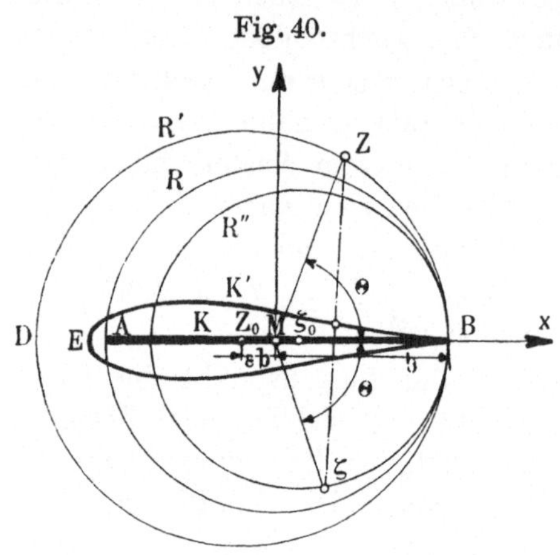

Fig. 40.

sich dabei der neue Kreis R' in eine zu K benachbarte, K umschlingende Kurve, die mit K beiderseits von B je noch ein Linienelement gemeinsam hat, also K in B beidseitig berührt und jedenfalls vom Typus der Kontur K' sein wird, die zuerst N. Joukowsky [15]) behandelt hat.

Um die genaue Gestalt von K' festzustellen, schreiben wir die Gleichung des Kreises R'

$$X^2 + Y^2 + 2\varepsilon bX - b^2(1 + 2\varepsilon) = 0$$

in die Veränderliche Z um, indem wir die konjugiert Komplexe $\overline{Z} = X - iY$ zu Hilfe nehmen, nämlich

$$Z\overline{Z} + \varepsilon b(Z + \overline{Z}) - b^2(1 + 2\varepsilon) = 0,$$

und unterwerfen diesen Kreis zunächst der Abbildung

$$(16) \qquad\qquad Z = \frac{b^2}{\zeta},$$

wo $\zeta = \xi + i\eta$ eine neue komplexe Veränderliche ist, deren konjugierter Wert $\overline{\zeta} = \xi - i\eta$ ganz ebenso aus $\overline{Z}$ hervorgeht. So wird aus R' die Kurve

$$\xi\overline{\zeta} - \frac{\varepsilon b}{1 + 2\varepsilon}(\zeta + \overline{\zeta}) - \frac{b^2}{1 + 2\varepsilon} = 0$$

oder

$$\xi^2 + \eta^2 - \frac{2\varepsilon b}{1 + 2\varepsilon}\xi - \frac{b^2}{1 + 2\varepsilon} = 0,$$

d. h. der ebenfalls in Fig. 40 eingezeichnete Kreis R'' um

$$(17) \qquad \xi_0 = \frac{\varepsilon\, b}{1 + 2\,\varepsilon},$$

welcher auch durch B hindurchgeht.

Beachtet man nun vollends, daß die ursprüngliche Abbildungsfunktion (3) sich jetzt nach (16) in der Form

$$z = \frac{1}{2}(Z + \zeta)$$

anschreiben läßt, so erhält man für die Punkte z der gesuchten Kontur K' die einfache Konstruktion [29]), die in Fig. 40 angedeutet ist: z halbiert die Verbindungslinie je zweier zugeordneter Punkte Z und ζ. Da aber nach (16) das Produkt $Z\zeta$ reell sein soll, so sind, wie man etwa durch vorübergehende Einführung von Polarkoordinaten für Z und ζ leicht erkennt, zugeordnete Punktpaare der beiden Kreise R' und R'' allemal mit entgegengesetzt gleichen Azimuten θ behaftet, also bequem aufzufinden.

Insbesondere entspricht so dem Punkt D mit $Z = -\,b\,(1 + 2\,\varepsilon)$, $\zeta = -\,b/(1 + 2\,\varepsilon)$ das Vorderende E, nämlich

$$(18) \qquad z' = -\,b\left(1 + \frac{2\,\varepsilon^2}{1 + 2\,\varepsilon}\right),$$

das für kleine Werte ε sehr nahe bei A liegt.

Die zyklische Strömung um K' geht bei der konformen Abbildung aus derjenigen um R' hervor, deren Strömungsfunktion im Hinblick auf § 11 (2), S. 53 sofort in der Form

$$(19) \qquad \Psi = V_\infty(Z + \varepsilon\,b) + i\,A\,\mathrm{lgnat}\,(Z + \varepsilon\,b) + \overline{V}_\infty\,\frac{b^2(1 + \varepsilon)^2}{Z + \varepsilon\,b}$$

angesetzt werden kann. Man hat, um die Richtigkeit dieses Ausdruckes einzusehen, nur für einen Augenblick den Ursprung nach dem Mittelpunkt $Z_0 = -\,\varepsilon\,b$ von R' zu verschieben, was die Einführung einer neuen Veränderlichen

$$Z' = Z + \varepsilon\,b$$

bedeutet, womit (19) für

$$R = b\,(1 + \varepsilon)$$

in der Tat gerade in § 11 (2) übergeht.

Daher ist die Geschwindigkeit der Strömung um K' nach § 10 (3), S. 52, wenn man auf (5) und (6), S. 57 achtet,

$$(20) \qquad v = \frac{Z^2\,[v_\infty\,(Z + \varepsilon\,b)^2 + 2\,i\,A\,(Z + \varepsilon\,b) - \bar{v}_\infty\,b^2\,(1 + \varepsilon)^2]}{(Z^2 - b^2)\,(Z + \varepsilon\,b)^2}.$$

Da die Nullstellen $Z = -b$ und $Z = -\varepsilon b$ des Nenners innerhalb K' liegen, so kann nur in $Z = b$, d. h. in B ein Saugpunkt liegen.   Damit dies nicht der Fall sei, muß der Zähler für $Z = b$ verschwinden, woraus sich

$$(21) \qquad i\,\varLambda = -\frac{1}{2}\,(v_\infty - \bar{v}_\infty)\,b\,(1 + \varepsilon)$$

und somit die Zirkulation

$$(22) \qquad c = 2\,\pi\,b\,(1 + \varepsilon)\,v_{y\,\infty}$$

berechnet.

Setzt man (21) in (20) ein, so wird die Geschwindigkeit endgültig

$$(23) \qquad v = \frac{Z^2\,[v_\infty\,(Z + \varepsilon\,b) + \bar{v}_\infty\,b\,(1 + \varepsilon)]}{(Z + b)\,(Z + \varepsilon\,b)^2},$$

worin man sich nach Belieben ε durch (4), S. 57 eingeführt denken mag.

Die Luft streicht am Vorderende E, d. h. für $Z = -b\,(1 + 2\,\varepsilon)$ in der y-Richtung nach oben mit der Geschwindigkeit

$$(24) \qquad |v_E| = \frac{(1 + 2\,\varepsilon)^2}{\varepsilon\,(1 + \varepsilon)}\,v_{y\,\infty}$$

und fließt an der Hinterkante B mit der Geschwindigkeit

$$(25) \qquad v_B = \frac{v_{x\,\infty}}{1 + \varepsilon}$$

glatt ab.   Da für $\varepsilon = 0$ das Geschwindigkeitsmaximum bei A lag, so wird aus Gründen der Stetigkeit für kleine ε dieser Höchstwert nahezu nach E fallen, also ziemlich genau mit $|v_E|$ übereinstimmen, so daß aus (24) bei gegebener Höchstgeschwindigkeit auch der Verdickungsparameter ε sich bestimmen läßt.

Man darf nun der Luft Geschwindigkeiten bis zu etwa 700 m/sec zumuten [22]), ehe Kavitation eintritt.   Nimmt man zur Sicherheit als zulässigen Wert z. B. nur 100 m/sec, so findet man für ein unter dem Anstellwinkel $\beta = 6^0$ mit 20 m/sec angeblasenes Profil $v_{y\,\infty} = 2$ m/sec und daraus schließlich $\varepsilon = 0{,}02$, also außerordentlich klein. Dies besagt, daß schon die geringste Verdickung, wie sie praktisch von selbst vorhanden ist, zur Verhinderung von Kavitation ausreicht.

Die Verdickung hat aber noch einen zweiten Zweck.   Die innere Reibung eines strömenden Mediums pflegt man nach der Annahme von Newton, die sich z. B. an Kapillarröhren sehr gut bestätigt hat, dem absoluten Betrag des Geschwindigkeitsgradienten proportional zu setzen. Dieser ist in der Nähe des Punktes E zweifellos um so genauer in die negative x-Achse orientiert, je kleiner ε ist; sein Betrag wird mithin angenähert mit dem reellen Teil $\Re$ des Quotienten

$$\frac{dv}{dz} = \frac{dv}{dZ}\frac{dZ}{dz}$$

übereinstimmen, für den sich an der Stelle E, d. h. für $Z = -b(1 + 2\varepsilon)$, nach einer kleinen Zwischenrechnung zufolge (23) und (5), S. 57 ergibt

$$\Re\left(\frac{dv}{dz}\right)_E = -\frac{(1 + 2\varepsilon)^4}{4\varepsilon^2(1 + \varepsilon)^3}\frac{v_{x\infty}}{b}.$$

Dieser Ausdruck zeigt, daß bei abnehmendem Verdickungsparameter ε mit dem Gradienten der Geschwindigkeit auch die innere Reibung sehr schnell über alle Grenzen wächst. So findet man für den vorhin berechneten Wert ε ein Geschwindigkeitsgefälle von rund 140 m/sec auf jeden Zentimeter, dem jedenfalls auch ein hoher Betrag der Reibung entspricht.

Es ist nun kein Zweifel, daß dadurch die normale Geschwindigkeitsverteilung dort so stark gestört wird, daß die Saugkraft P_x, die für die Ökonomie des Fluges von nicht zu unterschätzender Bedeutung ist, vollständig verschwindet. Um dies zu verhindern, hat es sich praktisch als erwünscht erwiesen, die Vorderkante wesentlich stärker zu verdicken, als es zur Ausschaltung von Kavitation nötig wäre, ohne daß sich darüber freilich theoretisch genaue quantitative Vorschriften machen ließen [19]).

Der Auftrieb ist, wie der Vergleich der Zirkulationen (9), S. 59 und (22) zeigt, gegenüber seinem früheren Wert (13), S. 60 um den Faktor $(1 + \varepsilon)$ vergrößert. Berücksichtigt man, daß die Länge der Kontur nach (18) statt $2b$ nunmehr

$$2b' = b + |z'| = 2b\frac{(1 + \varepsilon)^2}{1 + 2\varepsilon}$$

beträgt, und vergleicht man die Kontur K', was billig ist, mit einer Strecke von der Länge $2b'$, so erscheint der Auftrieb genauer um den Faktor

$$\frac{1 + 2\varepsilon}{1 + \varepsilon}$$

erhöht, der praktisch nicht ins Gewicht fällt.

Nicht ganz so bequem ist hier die Berechnung der Angriffslinie des Auftriebes, da die Überführung der Geschwindigkeit (23) in die nach Potenzen von $1/z$ fortschreitende Fundamentalreihe umständlich wird. Statt dessen ist es zweckmäßig, auf die Definition § 4 (13), S. 27 von m zurückzugreifen. Wenn die Veränderliche z die Kontur K' umläuft, so umschreitet Z den Kreis R'; demnach wird mit (23), (3) und (5), S. 57

$$m = \oint^{K'} v z\, dz = \frac{1}{4} \oint^{R'} \frac{(Z-b)(Z^2+b^2)\,[v_\infty(Z+\varepsilon b)+\bar{v}_\infty\, b(1+\varepsilon)]}{Z(Z+\varepsilon b)^2}\, d Z.$$

Anstatt dieses Integral unmittelbar auszuwerten, führt man wie in § 4 (2), S. 25 die neue Veränderliche $\zeta = 1/Z$ ein und erinnert sich daran, daß die Bedingungen für die Gültigkeit des Satzes § 4 (1) erfüllt sind. Der Integrationsweg R' darf demnach in einen unbegrenzt großen Kreis R_∞ auseinandergezogen werden, dem für die Veränderliche ζ ein ganz kleiner, den Punkt $\zeta = 0$ umschlingender Kreis R_0 von umgekehrtem Umlaufsinn entspricht. Mithin ist

$$m = -\frac{1}{4} \oint^{R_0} \frac{(1-b\,\zeta)(1+b^2\,\zeta^2)\,[v_\infty(1+\varepsilon\, b\,\zeta)+\bar{v}_\infty\, b\,(1+\varepsilon)\,\zeta]}{(1+\varepsilon\, b\,\zeta)^2\,\zeta^3}\, d\zeta.$$

Man hat nun nach dem Residuensatz § 4 (9), S. 26 den Nennerfaktor

$$\frac{1}{(1+\varepsilon\, b\,\zeta)^2} = 1 - 2\,\varepsilon\, b\,\zeta + 3\,\varepsilon^2\, b^2\,\zeta^2 - + \cdots$$

in eine Reihe zu entwickeln und lediglich den Koeffizienten D_{-1} des Gliedes $1/\zeta$ des ganzen Integranden aufzusuchen. Dieser findet sich leicht zu

$$D_{-1} = \frac{b^2}{2}\left[\varepsilon\left(1+\frac{\varepsilon}{2}\right)v_{x\infty} + i\left(1+2\,\varepsilon+\frac{3}{2}\,\varepsilon^2\right)v_{y\infty}\right],$$

so daß schließlich aus

$$m = 2\,\pi\, i\, D_{-1}$$

nach (22) und § 2 (9), S. 15, sowie § 4 (14), S. 27 die Koordinaten des Zirkulationsschwerpunktes die Werte

$$(26) \quad \begin{cases} x_0 = -\dfrac{b}{2}\,\dfrac{1+2\,\varepsilon+\dfrac{3}{2}\,\varepsilon^2}{1+\varepsilon} \\[4mm] y_0 = \dfrac{b}{2}\,\varepsilon\,\dfrac{1+\dfrac{\varepsilon}{2}}{1+\varepsilon}\,\operatorname{ctg}\beta \end{cases}$$

annehmen, die sich ohne weiteres mit (14), S. 60 vergleichen lassen.

Es ist jedenfalls bemerkenswert, daß es unter Ausnutzung der vollen Tragweite der Blasiusschen Formeln gelingt, den Auftrieb und seine durch x_0, y_0 vollständig bestimmte Angriffslinie ohne Kenntnis der genauen Gestalt der Kontur K' zu berechnen. Die analytische Darstellung der Kurve K' ist viel zu kompliziert, als daß die Summation der Elementardrücke zu dem hier viel schneller erreichten Ziel führen würde.

§ 13. Die gebogene Tragfläche.

1. Nunmehr liegt es sehr nahe, den ursprünglichen Kreis R noch in anderer Weise zu variieren, um so vielleicht auf andere Konturen zu kommen, die sich der Flugpraxis noch besser anpassen als die gerade Strecke K und die soeben untersuchte Kurve K'. Hält man z. B. die beiden Punkte $z = \pm b$, d. h. A und B auf der Peripherie fest, verschiebt aber den Mittelpunkt auf der imaginären Achse nach oben bis an die Stelle $z = if$ oder M (Fig. 41), so daß $R_1 = \sqrt{f^2 + b^2}$ der Radius des Kreises wird, so ist zu erwarten, daß auch die Mitte der ursprünglich geraden Strecke AB nach dem Punkt $z = if$ wandert. Weil bei der

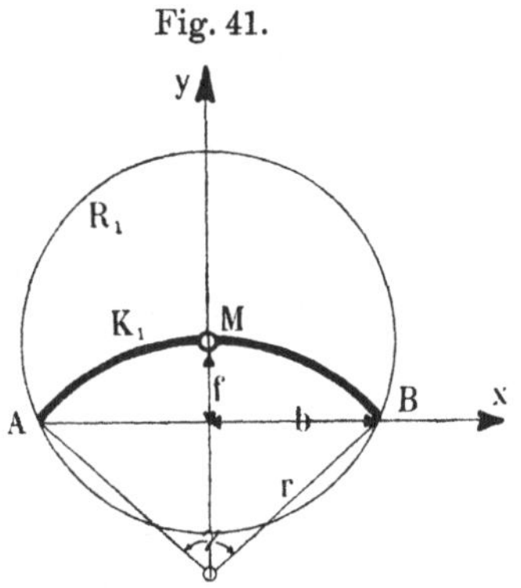

konformen Abbildung § 12 (3), S. 57 die Punkte A und B überhaupt festbleiben, so müssen sie nach wie vor die Enden der neuen Kontur K_1 bilden, die dem Kreise R_1 entspricht, und von der man infolgedessen vermuten wird, daß sie identisch sein dürfte mit dem Kreisbogen durch A, M und B, dessen Radius

$$(1) \qquad r = \frac{f^2 + b^2}{2f}$$

und Mittelpunktsordinate

$$(2) \qquad y_m = -(r - f) = -\frac{b^2 - f^2}{2f}$$

man aus Fig. 41 als Funktion der Pfeilhöhe f leicht abliest.

Diese Vermutung bestätigt sich in der Tat. Die Gleichung des **ganzen Kreises** K_1

$$x^2 + y^2 + \frac{b^2 - f^2}{f} y - b^2 = 0$$

läßt sich nämlich mittels der zu z konjugiert komplexen Veränderlichen $\bar{z} = x - iy$ auch in der Form

$$z\,\bar{z} - i\frac{b^2 - f^2}{2f}(z - \bar{z}) - b^2 = 0$$

anschreiben. Transformiert man diese in die Veränderliche Z vermöge der Abbildungsfunktion § 12 (3) und der zugehörigen konjugiert komplexen Formel

$$2\,\bar{z} = \bar{Z} + \frac{b^2}{\bar{Z}},$$

so erhält man bald

$$\left[Z\bar{Z} + if(Z - \bar{Z}) - b^2\right] \cdot \left[Z\bar{Z} - i\frac{b^2}{f}(Z - \bar{Z}) - b^2\right] = 0$$

Die erste Klammer, nämlich

$$X^2 + Y^2 - 2fY - b^2$$

bedeutet, gleich Null gesetzt, tatsächlich den Kreis R_1; die zweite Klammer liefert natürlich denjenigen Kreis, der bei der konformen Abbildung in den zu K_1 noch fehlenden Ergänzungsbogen übergeht.

Dieses Ergebnis muß uns deswegen willkommen sein, da ja die Skelette der wirklichen Flügelquerschnitte sich der gebogenen Kontur viel besser anpassen als der früheren geraden K.

Die Strömungsfunktion lautet für den Kreis R_1 in leichtverständlicher Abänderung von § 12 (19), S. 65

$$(3) \qquad \Psi = V_\infty(Z - if) + iA\,\mathrm{lgnat}\,(Z - if) + \bar{V}_\infty \frac{f^2 + b^2}{Z - if};$$

sie stellt zusammen mit § 12 (3) die Strömung um die Kreisbogenkontur K_1 dar.

Damit an der Hinterkante, d. h. für $Z = b$ die Geschwindigkeit

$$(4) \qquad v = \frac{Z^2\left[v_\infty(Z - if)^2 + 2iA(Z - if) - \bar{v}_\infty(f^2 + b^2)\right]}{(Z^2 - b^2)(Z - if)^2}$$

endlich bleibt, muß offenbar

$$A = f v_{x\infty} + b v_{y\infty}$$

und somit die Zirkulation

$$(5) \qquad c = 2\pi(f v_{x\infty} + b v_{y\infty})$$

gewählt werden, so daß endgültig kommt

$$(6) \qquad v = \frac{Z^2\,(v_\infty Z + \bar{v}_\infty b - 2f v_{y\infty})}{(Z + b)\,(Z - if)^2}.$$

Hieraus erhält man für $Z = b$

$$v_B = b\,\frac{b\,v_{x\infty} - f\,v_{y\infty}}{(b - if)^2}$$

oder durch Zerlegung in reellen und imaginären Teil

$$\left(\frac{v_x}{v_y}\right)_B = -\frac{b^2 - f^2}{2fb} = \frac{y_m}{b},$$

indem man die Mittelpunktsordinate y_m aus (2) einführt. Dies bedeutet aber nach Fig. 41 in der Tat glattes tangentiales Abfließen an der Hinterkante.

Die Koordinaten des einzigen Spaltungspunktes, den die Kreisbogenkontur K_1 noch trägt, sind nach (6) dargestellt durch

$$Z_1 = \frac{2f v_{y\infty} - b\,\bar{v}_\infty}{v_\infty}.$$

Mit Hilfe des Anstellwinkels β geschrieben, bedeutet dies

$$X_1 = f\sin 2\beta - b\cos 2\beta$$
$$Y_1 = -(b - f\,\mathrm{tg}\,\beta)\sin 2\beta,$$

wodurch vermöge der Abbildungsfunktion § 12 (3) auch die zugehörigen Koordinaten x_1, y_1 selbst bekannt sind.

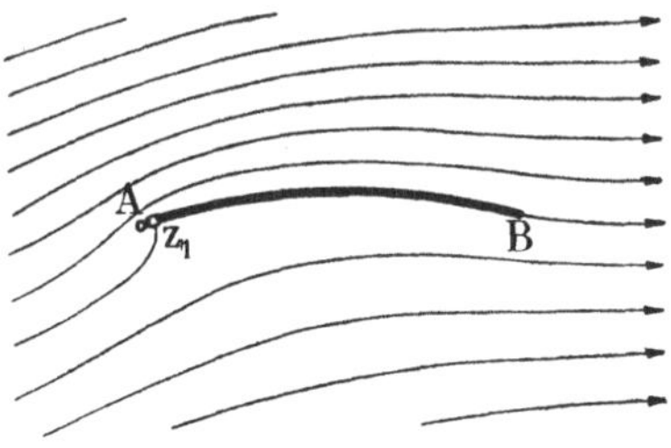

Da, wenn f positiv vorausgesetzt wird, der unterhalb der X-Achse liegende Teil des Kreises R_1 der konkaven oder Druckseite der Kontur K_1 zugeordnet ist, so liegt der Spaltungspunkt auf der Druckseite, solange $Y_1 < 0$ oder

$$(b - f\,\mathrm{tg}\,\beta)\sin 2\beta > 0$$

Fig. 42.

bleibt. Diese Bedingung ist für positive kleine Anstellwinkel, wie sie in der Flugtechnik vorkommen, stets erfüllt, und da dann angenähert $X_1 \approx -b + 2f\beta$ sich von $-b$ nur wenig unterscheidet, so befindet sich der Spaltungspunkt z_1 in diesem praktisch wichtigsten Falle, für den das Strombild von W. Deimler[7]) genau errechnet worden ist, sehr nahe beim Vorderende A der Kontur, Fig. 42.

Mit verschwindendem Anstellwinkel rückt der Spaltungspunkt nach A, was auch an der Eintrittskante endliche Geschwindigkeit bewirkt, und es kommt dann mit $v_{y\infty} = 0$ statt (6)

$$(7) \qquad v = \left(\frac{Z}{Z-if}\right)^2 v_{x\infty}.$$

Überlegt man nun, daß der Austausch von X gegen $-X$ nach § 12 (3), S. 57 auch einen solchen von x mit $-x$ nach sich zieht, die Geschwindigkeit (7) aber in ihre konjugiert Komplexe $\bar{v}$ verwandelt, so erkennt man ohne Schwierigkeit, daß das Strombild jetzt vollständig symmetrisch zur y-Achse sein muß, Fig. 43.

Wächst der Anstellwinkel von hier aus, so wandert der Spaltungspunkt über die ganze Druckseite, bis er schließlich für

$$\beta = \text{arctg } \frac{b}{f}$$

oder, mit dem aus Fig. 41 ersichtlichen Zentriwinkel γ, für

$$\beta = \frac{\pi}{2} - \frac{\gamma}{4}$$

in das Hinterende B fällt, das alsdann beide Staupunkte trägt, Fig. 44, ein Strombild, das aber fraglos mit der Wirklichkeit nicht mehr übereinstimmen kann, wie überhaupt diese ganzen theoretischen Überlegungen aus später zu untersuchenden physikalischen Gründen nur für kleine Anstellwinkel Gültigkeit beanspruchen dürfen. Wir verzichten deswegen darauf, die Weiterwanderung des Spaltungspunktes für weiterwachsende Winkel β zu verfolgen, und merken nur noch an, daß für kleine negative Anstellwinkel Y_1 positiv wird: der Spaltungspunkt liegt nunmehr nahe dem Vorderende auf der konvexen oder Saugseite, Fig. 45.

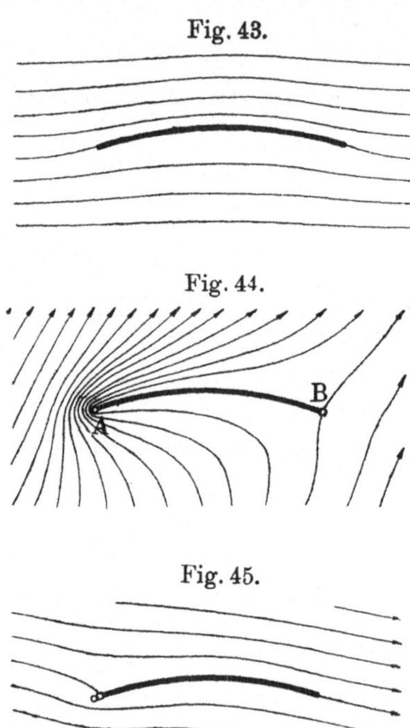

Fig. 43.

Fig. 44.

Fig. 45.

Es ist übrigens auch bedenklich, die Formeln auf solche Fälle anzuwenden, wo das Wölbungsverhältnis

$$\sigma = \frac{f}{b} = \operatorname{tg} \frac{\gamma}{4}$$

Beträge von der Größenordnung $^{1}/_{5}$ übertrifft, da alsdann die Stärke der Zirkulation

$$(8) \qquad c = 2 \pi b v (\sin \beta + \sigma \cos \beta)$$

praktisch erreichbare Grenzen leicht überschreitet.

Die Auftriebsdichte beträgt nach (8) im Einklang mit den Messungen an sehr langen Flügeln von kleinem Wölbungsverhältnis σ

$$(9) \qquad |P| = 2 \pi \varrho b v^2 \sin \beta (1 + \sigma \operatorname{ctg} \beta);$$

sie ist gegenüber ihrem Wert § 12 (13), S. 60 für die gerade Kontur unter sonst gleichen Umständen um den namentlich bei kleinen Anstellwinkeln recht großen Faktor $1 + \sigma \operatorname{ctg} \beta$ erhöht, von dem folgende Tafel ein Bild gibt:

$\sigma =$	$^{1}/_{5}$	$^{1}/_{10}$	$^{1}/_{20}$	$^{1}/_{50}$
$\beta = 0^0$	∞	∞	∞	∞
2	6,7	3,9	2,4	1,6
4	3,9	2,4	1,7	1,3
6	2,9	1,9	1,4	1,2
8	2,4	1,7	1,3	1,1
10	2,1	1,6	1,3	1,1

Damit findet die Tatsache, daß die Profile der Vogel- wie der Flugzeugflügel gewölbt zu sein pflegen, ihre (wenn auch noch nicht erschöpfende) Erklärung.

Bringt man die Auftriebsdichte auf die Form

$$(10) \qquad |P| = 2 \pi \varrho b v^2 \frac{\sin \left(\beta + \dfrac{\gamma}{4} \right)}{\cos \dfrac{\gamma}{4}},$$

so stellt man fest, daß, in guter Übereinstimmung mit der Erfahrung [15]), auch noch für den Anstellwinkel $\beta = 0$ eine Kraft von der Dichte

$$(11) \qquad |P| = 2 \pi \varrho f v^2$$

vorhanden ist, die proportional mit der Pfeilhöhe f und unabhängig von der Sehne $2b$ ausfällt.

Sogar für negative Anstellwinkel bleibt, solange

$$|\beta| < \frac{\gamma}{4}$$

ist, ein Auftrieb nach oben. Die gewölbte Tragfläche besitzt vor der ebenen mithin auch den Vorzug, daß eine gelegentliche Vornüberkippung des Flugzeuges nicht so leicht zum Absturze führt.

Der Schwerpunkt der Zirkulation schließlich wird nach dem für § 12 (26), S. 68 angewandten Verfahren ermittelt. Die Rechnung bietet keine Schwierigkeit; das Ergebnis lautet

$$(12)\qquad \begin{cases} x_0 = -\dfrac{b}{2}\,\dfrac{1+\dfrac{\sigma^2}{2}}{\sigma+\operatorname{tg}\beta}\,\operatorname{tg}\beta \\[3ex] y_0 = \dfrac{f}{2}\,\dfrac{\dfrac{3}{2}\,\sigma+\operatorname{tg}\beta}{\sigma+\operatorname{tg}\beta} \end{cases}$$

und stimmt mit Messungen von O. Föppl[10]) befriedigend überein. Der Angriffspunkt des Auftriebs liegt somit auf der Vorderhälfte der Fläche, solange der Anstellwinkel positiv ist, so daß die Strömung das Bestreben hat, die Flugfläche in erwünschter Weise aufzukippen. Umgekehrt erhöht sich bei negativem Anstellwinkel, ohne daß zunächst der Auftrieb sein Vorzeichen ändert, die Gefahr des Vornüberkippens mehr und mehr, bis schließlich beim Winkel

$$\beta = -\frac{\gamma}{4}$$

nach (10) auch der Auftrieb verschwindet: dies ist der Fall einer Strömung, die nicht mehr trägt, nur noch dreht[7]).

2. Es ist nun wiederum leicht, von der Kontur K_1 zu solchen Konturen überzugehen, die K_1 zum Skelett haben. Verschiebt man etwa den Mittelpunkt M des Kreises R_1 in der Richtung BM um die Strecke

$$MM' = \varepsilon R_1 = \varepsilon \sqrt{f^2 + b^2}$$

nach dem Punkt

$$Z_0 = -\varepsilon b + i f(1 + \varepsilon),$$

so wird der Kreis R_1' um M', der durch B geht, durch die Funktion § 12 (3), S. 57 in eine bei A abgerundete, bei B gespitzte, sogenannte Joukowskysche Kontur K_1' (Fig. 46) abgebildet, die dann vor K_1

wieder den doppelten Vorzug hat, daß sowohl die Geschwindigkeit, wie der Geschwindigkeitsgradient bei A auf ein zulässiges Maß herabgedrückt werden kann.

Die Konstruktion der neuen Kontur K_1', in Fig. 46 angedeutet, ist derjenigen von K' in Fig. 40 vollkommen analog. Man hat wieder einen Kreis R_1'' um den auf der Geraden BM liegenden Punkt M'' zu Hilfe zu nehmen, der R_1' in B berührt, und die Verbindungsgerade zugeordneter Punktepaare Z und ζ zu halbieren. Dabei teilen M' und M'' die Strecke BM in demselben Verhältnis, wie die Mittelpunkte Z_0 und ζ_0 die Strecke BM in Fig. 40 geteilt haben; es verhält sich nämlich

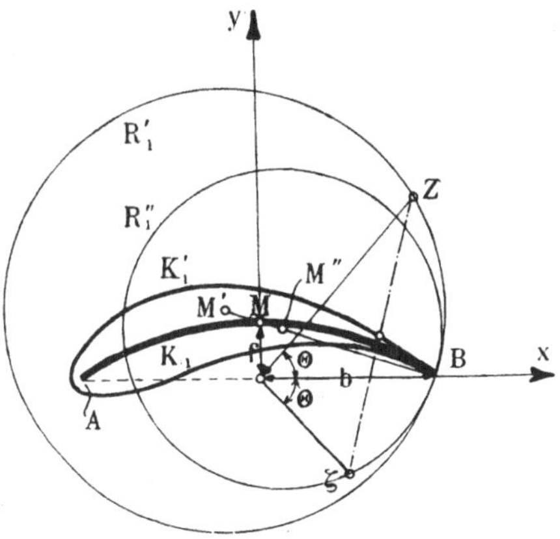

$$(13) \quad \frac{MM'}{MM''} = 1 + 2\,\varepsilon$$

Um dies einzusehen, schreibt man die Gleichung des Kreises R_1'

$$X^2 + Y^2 + 2\,\varepsilon\,b\,X - 2f(1+\varepsilon)\,Y - b^2(1+2\,\varepsilon) = 0$$

in die Form

$$Z\bar{Z} + \varepsilon\,b(Z+\bar{Z}) + if(1+\varepsilon)(Z-\bar{Z}) - b^2(1+2\,\varepsilon) = 0$$

um, führt durch § 12 (16), S. 64 die Veränderliche ζ ein und bekommt so nach kurzer Zwischenrechnung

$$\left(\xi - \frac{\varepsilon\,b}{1+2\,\varepsilon}\right)^2 + \left(\eta - f\frac{1+\varepsilon}{1+2\,\varepsilon}\right)^2 - (f^2+b^2)\left(\frac{1+\varepsilon}{1+2\,\varepsilon}\right)^2 = 0$$

d. h. die Gleichung des Kreises R_1'', womit die Richtigkeit der Konstruktion dann durch dieselben Schlüsse erwiesen wird wie früher.

Die so erhaltene Kontur K_1' darf als ziemlich genauer Querschnitt wirklicher Tragflügel angesehen werden (das Verdickungsverhältnis ist in Fig. 46 der Deutlichkeit wegen zu groß gewählt).

Die Strömung um den Kreis R_1' ist

$$V = V_\infty + \frac{i\,\varLambda}{Z + \varepsilon\,b - if(1+\varepsilon)} - \bar{V}_\infty \frac{(f^2+b^2)(1+\varepsilon)^2}{[Z + \varepsilon\,b - if(1+\varepsilon)]^2};$$

sie muß, damit an der Hinterkante der Kontur K_1' glatter Abfluß eintritt, an der Stelle $Z = b$ einen Staupunkt haben. Dies ist der Fall, wenn

$$A = 2(1 + \varepsilon)(f\,V_{x\infty} + b\,V_{y\infty})$$

oder nach § 12 (6), S. 57

$$(14) \qquad c = 2\,\pi\,(1 + \varepsilon)(f\,v_{x\infty} + b\,v_{y\infty})$$

ist, woraus sich die Auftriebsdichte

$$(15) \qquad |P| = 2\,\pi\,\varrho\,b\,v^2 \sin\beta\,(1 + \sigma\,\mathrm{ctg}\,\beta)(1 + \varepsilon)$$

ergibt, von (9) um den Faktor $1 + \varepsilon$ sich unterscheidend.

Die Druckverteilung würde sich ebenso wie bei der ebenen Tragfläche leicht berechnen lassen. Man bekommt dabei ein Diagramm, das von dem der Fig. 39, S. 61 qualitativ nur insofern abweicht, als nirgends unendliche Unterdrücke auftreten [6]).

Fig. 47.

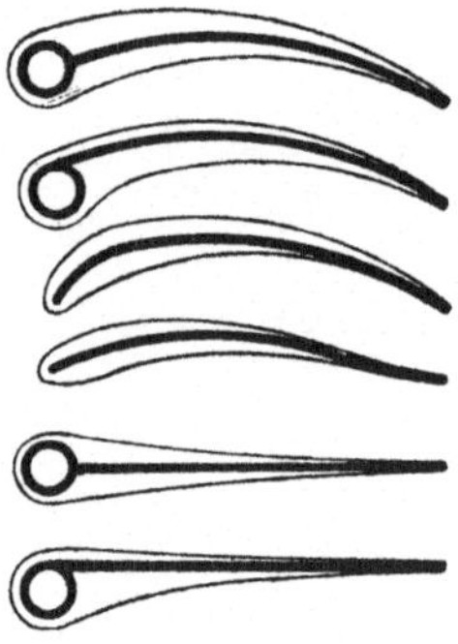

Schließlich ist es erwähnenswert, daß vermittelst komplizierterer Abbildungsmethoden A. Sonnefeld [28]) die Strömung auch für andere Skelette als gerade Strecke und Kreisbogen zu ermitteln vermochte, nämlich die in Fig. 47 stark eingetragenen, die aus einem Kreisbogen nebst angesetztem Vollkreis oder zweitem Bogen bzw. aus gerader Strecke und Vollkreis bestehen. Der Übergang zu den dünn gezeichneten Konturen, die sich von den Joukowskyschen namentlich dadurch unterscheiden, daß die Verdickung vorn verstärkt ist, läßt sich dann wieder leicht gewinnen. Die nicht schwierigen, aber langatmigen und nur zahlenmäßig diskutierbaren Formeln können indessen hier ebensowenig Platz finden, wie die auf andere Methoden gestützten Berechnungen von H. Blasius [4]).

§ 14. Zwei ebene Tragflächen hintereinander.

1. Die Überlegungen für die geradlinige Kontur (§ 12) sind noch in anderer Richtung einer wichtigen Erweiterung fähig. Die Formel § 12 (8), S. 58 für die Geschwindigkeit drückte ja aus, daß die Strömung aufgefaßt werden kann als Überlagerung (Fig. 37, S. 59) einer Parallelströmung

$$v_1 = v_{x\infty},$$

einer translatorischen

$$v_{\text{II}} = -\, i\, v_{y\infty}\, \frac{z}{\sqrt{z^2 - b^2}}$$

mit dem Staupunkt $z = 0$ und den Saugpunkten $z = \pm\, b$, sowie einer zirkulatorischen

$$v_{\text{III}} = \frac{i\, \varLambda}{\sqrt{z^2 - b^2}}$$

ohne Stau mit denselben Saugpunkten; die Ordnung des Null- und Unendlichwerdens stimmt dabei mit den Feststellungen von § 3, **3**, S. 20 überein.

Hat man nun, wie dies praktisch gelegentlich vorkommen mag, zwei hintereinandergestellte gerade Konturen, so ist zu vermuten, daß die Geschwindigkeitsfunktion der drei analogen Teilströmungen mit den Bezeichnungen der Fig. 48 folgendermaßen lautet

$$v = v_{x\infty} - i\, \frac{(z - l_5)(z - l_6)\, v_{y\infty} - \varLambda\,(z - l_7)}{\sqrt{(z - l_1)(z - l_2)(z - l_3)(z - l_4)}};$$

die Zirkulationskonstante $\varLambda$ und die Abszissen l_5, l_6, l_7 der Staupunkte sind zunächst noch unbestimmt. Setzt man dafür mit zwei anderen Konstanten l' und l''

$$v = v_{x\infty} - i\, v_{y\infty}\, \frac{(z - l')(z - l'')}{\sqrt{(z - l_1)(z - l_2)(z - l_3)(z - l_4)}},$$

so erkennt man, daß mit $l' = l_2$ und $l'' = l_4$ an den Hinterenden $z = l_2$ und $z = l_4$ glatter Abfluß verbürgt ist. Die Geschwindigkeit wird jetzt nämlich

$$(1) \quad v = v_{x\infty} - i\, v_{y\infty} \sqrt{\frac{(z - l_2)(z - l_4)}{(z - l_1)(z - l_3)}},$$

was als Verallgemeinerung von § 12 (10), S. 59 auch unmittelbar anzuschreiben gewesen wäre. Da v reell bleibt, sobald z sich in einem der geradlinigen Intervalle

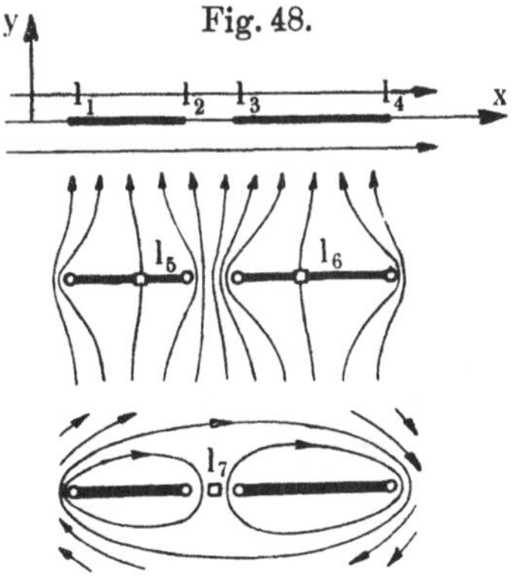

$$l_1 \leqq z \leqq l_2 \qquad l_3 \leqq z \leqq l_4$$

bewegt, so sind die gegebenen Strecken in der Tat, wie es sein sollte, Stromlinien. Die Geschwindigkeit nimmt an den beiden Hinterenden l_2 und l_4 den Wert $v_{x\infty}$ an, während die Vorderenden

Saugpunkte bleiben. Über das Vorzeichen der Wurzel ist wieder eine ähnliche Festsetzung zu treffen, wie seinerzeit in §12, **1**, S. 58.

Wir entwickeln die Glieder

$$(z - l_\nu)^{\pm^1/_2} = z^{\pm^1/_2}\left(1 - \frac{l_\nu}{z}\right)^{\pm^1/_2}$$

nach dem binomischen Satze, ordnen nach Potenzen von $1/z$ und erhalten so die Fundamentalreihe

$$v = v_\infty + i\, v_{y\infty}\left[\frac{b_1 + b_2}{2\, z} + \frac{(b_1 + b_2)(b_1 + b_2 + 4\,l_1) + 8\, b_2\, d}{8\, z^2} + \cdots\right]$$

Dabei werden zur Abkürzung mit

$$b_1 = l_2 - l_1$$
$$b_2 = l_4 - l_3$$
$$2\, d = l_3 - l_2$$

die Längen der beiden Strecken und ihr Abstand bezeichnet. Der Betrag der Gesamtauftriebsdichte und die Koordinaten des Schwerpunktes der Zirkulation sind somit nach §4 (19), S. 28

$$(2) \qquad |P| = \pi\, \varrho\,(b_1 + b_2)\, v^2 \sin \beta$$

$$(3) \qquad \begin{cases} x_0 = l_1 + \dfrac{b_1 + b_2}{4} + \dfrac{2\, b_2\, d}{b_1 + b_2} \\[2mm] y_0 = 0, \end{cases}$$

welche Werte natürlich für $d = 0$, $b_1 = b_2 = -l_1 = b$ wieder in die von §12 (13) und (14), S. 60 für die ebene Tragfläche von der Breite $2\,b$ übergehen. Da die Formel (2) von d unabhängig ist, so besagt dies:

Der Gesamtauftrieb ändert seine Größe nicht, wenn man eine ebene Tragfläche quer zur Flugrichtung an einer beliebigen Stelle unterteilt und die beiden Teile auseinanderzieht.

Bezeichnet man mit

$$s = \frac{l_1 + l_4}{2}$$

die Mittenabszisse zwischen den Punkten l_1 und l_4, so bringt man (3) mühelos auf die Form

$$(4) \qquad x_0 = s - \frac{b_1 + b_2}{4} - d\,\frac{b_1 - b_2}{b_1 + b_2},$$

wonach für zwei gleichbreite Platten der Angriffspunkt der Kraft wie bei der Einzelplatte um den vierten Teil der Gesamtbreite $2\,b$ von der Mitte nach vorn verschoben erscheint: die Tragfähigkeit der vorderen Platte ist verhältnismäßig größer als die der hinteren.

2. Möchte man auch die Auftriebe jeder Kontur für sich ermitteln, so muß man zufolge § 6, **1**, S. 35 auf die Blasiussche Formel zurückgreifen. Dabei wird man zweckmäßig zuerst die Saugkraftdichten $\mathfrak{S}_1$ und $\mathfrak{S}_2$ ausrechnen, die an den Vorderkanten l_1 und l_3 auftreten und die Richtung der negativen x-Achse besitzen. Da die Geschwindigkeit (1) sich an der Stelle $z = l_1$ wie

$$v_{y\,\infty}\sqrt{\frac{(l_2 - l_1)(l_4 - l_1)}{l_3 - l_1}}\;\frac{1}{\sqrt{z - l_1}}$$

verhält, so hat man nach dem zu § 3 (13), S. 21 formulierten Satze

$$(5)\qquad \mathfrak{S}_1 = \pi\,\varrho\,b_1\,\frac{l_4 - l_1}{l_3 - l_1}\,v^2\sin^2\beta$$

und ebenso

$$(6)\qquad \mathfrak{S}_2 = \pi\,\varrho\,b_2\,\frac{l_3 - l_2}{l_3 - l_1}\,v^2\sin^2\beta.$$

Das Verhältnis

$$(7)\qquad \frac{\mathfrak{S}_1}{\mathfrak{S}_2} = \frac{b_1}{b_2}\left(1 + \frac{b_1 + b_2}{2\,d}\right)$$

zeigt, daß bei gleicher Plattenbreite die Vorderplatte stärker gesogen wird.

Man prüft leicht nach, daß die Summe

$$(8)\qquad \mathfrak{S}_1 + \mathfrak{S}_2 = \pi\,\varrho\,(b_1 + b_2)\,v^2\sin^2\beta = |P|\sin\beta$$

den schon aus (2) bekannten, von der Schlitzbreite unabhängigen Wert liefert.

Um schließlich noch die in die positive y-Richtung orientierten Komponenten der Druckkraftdichte $\mathfrak{D}_1$ und $\mathfrak{D}_2$ zu berechnen, haben wir das Integral

$$\mathfrak{D}_1 = \frac{\varrho}{2}\lim_{\varepsilon = 0}\left(\int_{l_1 + \varepsilon}^{l_2} v_+^2\,dx + \int_{l_2}^{l_1 + \varepsilon} v_-^2\,dx\right)$$

auszuwerten, worin v_+ und v_- die Geschwindigkeit auf der Saug- und Druckseite bedeuten. Kürzt man (1) in der Form

$$v = v_1 - i\,v_2$$

ab, so ist auf der Kontur $i\,v_2$ reell und

$$v_{1+} = v_{1-} \qquad\qquad v_{2+} = -\,v_{2-}.$$

Demnach wird, da sich die Integrale über v_1^2 und v_2^2 aufheben,

$$\mathfrak{D}_1 = -\,2\,\varrho\,i\int_{l_1}^{l_2} v_{1+}\,v_{2+}\,d\,x$$

oder ausführlich

$$(9) \qquad \mathfrak{D}_1 = 2\,\varrho\,v_{x\infty}\,v_{y\infty}\int_{l_1}^{l_2} \sqrt{-\,\frac{(x-l_2)(x-l_4)}{(x-l_1)(x-l_3)}}\,d\,x$$

$$(10) \qquad \mathfrak{D}_2 = 2\,\varrho\,v_{x\infty}\,v_{y\infty}\int_{l_3}^{l_4} \sqrt{-\,\frac{(x-l_2)(x-l_4)}{(x-l_1)(x-l_3)}}\,dx.$$

Die Auswertung der beiden Integrale, die der elliptischen Gattung angehören, ist eine rein mathematische Angelegenheit, die wir hier nur für den von W. M. Kutta[20]) durchgerechneten, besonders wichtigen Fall erledigen werden, daß beide Platten gleich breit sind. Es empfiehlt sich dann, den Koordinatenursprung in die Mitte der Spalte zu legen, so daß

$$l_1 = -\,b - d \qquad\qquad l_3 = d$$
$$l_2 = -\,d \qquad\qquad l_4 = b + d$$

und das Integral in (9) gleich

$$(11) \qquad \int_{-(b+d)}^{-d} \frac{(x+d)(x-b-d)\,dx}{\sqrt{[(b+d)^2 - x^2][x^2 - d^2]}}$$

wird. Nunmehr führt man eine neue reelle Veränderliche t so ein, daß diese das Intervall von $t = 0$ bis $t = 1$ durchläuft, wenn x von $-(b+d)$ bis $-d$ schreitet, d. h. man setzt nach kurzer Überlegung

$$x^2 = (b+d)^2 - b\,(b+2\,d)\,t^2$$

oder mit der Abkürzung

$$(12) \qquad k^2 = \frac{b\,(b+2\,d)}{(b+d)^2}$$

und gehöriger Wahl des Vorzeichens der Quadratwurzel

$$(13) \qquad x = -(b+d)\sqrt{1-k^2 t^2}$$

und somit für das Integral selbst

$$(14) \quad b\int_0^1 \frac{dt}{\sqrt{1-t^2}} - d\int_0^1 \frac{dt}{\sqrt{(1-t^2)(1-k^2 t^2)}} + (b+d)\int_0^1 \sqrt{\frac{1-k^2 t^2}{1-t^2}}\,dt.$$

Das erste dieser Teilintegrale hat den Wert $\pi/2$, das zweite und dritte sind sogenannte vollständige elliptische Integrale erster und zweiter Gattung, die man regelmäßig mit K und E bezeichnet und für die als Funktionen des sogenannten Moduls k bequeme Tafeln*) zur Verfügung stehen.

Man sieht hiernach die Richtigkeit der ersten der folgenden beiden Formeln unmittelbar ein, wogegen sich die zweite aus der ersten auf Grund der Erwägung herleitet, daß die Summe $\mathfrak{D}_1 + \mathfrak{D}_2$ schon durch (2) gegeben wird:

$$(15) \qquad \mathfrak{D}_1 = \frac{1}{2}\,\pi\varrho\,b\,v^2\sin 2\beta\,.\,(1+\mathsf{D}),$$

$$(16) \qquad \mathfrak{D}_2 = \frac{1}{2}\,\pi\varrho\,b\,v^2\sin 2\beta\,.\,(1-\mathsf{D});$$

zur Abkürzung ist gesetzt

$$(17) \qquad \mathsf{D} = \frac{2}{\pi}\left[\left(1+\frac{d}{b}\right)\mathsf{E} - \frac{d}{b}\,\mathsf{K}\right].$$

Die vordere Tragfläche hat also allemal auch den größeren Druckauftrieb. Denn D ist positiv.

Um endlich die Drehmomente $\mathfrak{M}_1$ und $\mathfrak{M}_2$ zu erhalten, welche die beiden Platten erleiden, müssen wir, da die Saugkräfte keinen Beitrag dazu liefern, in (9) und (10) die Integranden je mit x multiplizieren, so daß wir an Stelle des Integrals (11) für (14) zufolge (13) haben werden:

$$-b(b+d)\mathsf{E} + d(b+d)\int_0^1 \frac{dt}{\sqrt{1-t^2}} - (b+d)^2\int_0^1 \frac{1-k^2 t^2}{\sqrt{1-t^2}}\,dt.$$

Da das letzte Integral den Wert

$$\frac{\pi}{2}\left(1-\frac{k^2}{2}\right)$$

---

*) E. Jahnke und F. Emde, Funktionentafeln usw., S. 68.

Grammel, Hydrodynamische Grundlagen.   6

besitzt, so findet man statt dessen nach mancherlei Zusammenfassungen zufolge (12)

$$- b\,(b+d)\,\mathsf{E} - \frac{\pi}{4}\,b^2$$

und hat demnach mit der Abkürzung

(18) $$\mathsf{M} = \frac{4}{\pi}\left(1 + \frac{d}{b}\right)\mathsf{E}$$

die Drehmomente

(19) $$\mathfrak{M}_1 = -\frac{1}{4}\,\pi\varrho\,b^2\,v^2\sin 2\beta\,.\,(1 + \mathsf{M}),$$

(20) $$\mathfrak{M}_2 = \frac{1}{4}\,\pi\varrho\,b^2\,v^2\sin 2\beta\,.\,(\mathsf{M} - 1).$$

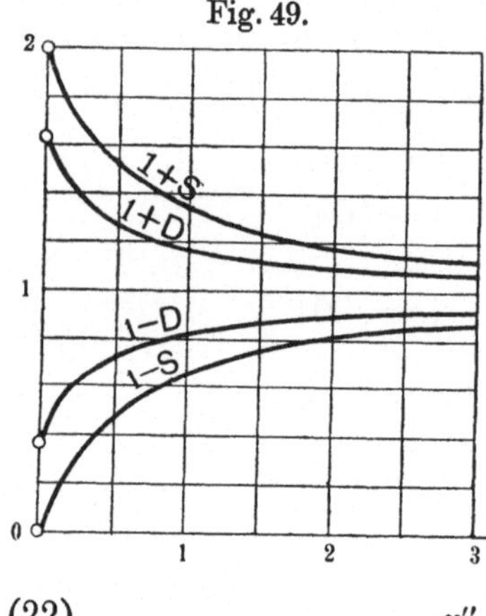

Dabei folgt wiederum (20) aus (19) auf Grund der Überlegung, daß das Gesamtmoment im vorliegenden Sonderfalle den aus (2) und (4) mit $s = 0$ zu erschließenden Wert

$$\mathfrak{M} = \mathfrak{M}_1 + \mathfrak{M}_2 = -\frac{1}{2}\,\pi\varrho\,b^2\,v^2\sin 2\beta$$

annimmt.

Die Abszissen der Angriffspunkte des Auftriebs sind somit

(21) $$x_0' = -\frac{b}{2}\,\frac{1 + \mathsf{M}}{1 + \mathsf{D}},$$

(22) $$x_0'' = \frac{b}{2}\,\frac{\mathsf{M} - 1}{1 - \mathsf{D}}.$$

Diese Punkte stehen von der zugehörigen Vorderkante $z = -(b+d)$ bzw. $z = d$ ab um

(23) $$\xi_0' = b\left(1 + \frac{d}{b} - \frac{1}{2}\,\frac{1 + \mathsf{M}}{1 + \mathsf{D}}\right),$$

(24) $$\xi_0'' = b\left(\frac{1}{2}\,\frac{\mathsf{M} - 1}{1 - \mathsf{D}} - \frac{d}{b}\right).$$

Zur Veranschaulichung des Verhältnisses der beiden Druckkräfte $\mathfrak{D}_1$ und $\mathfrak{D}_2$ sind die maßgebenden Faktoren $1 + \mathsf{D}$ und $1 - \mathsf{D}$ als Funktionen des Quotienten d/b in Fig. 49 aufgezeichnet; in dieses Diagramm sind auch die Faktoren $1 \pm \mathsf{S}$ eingetragen, die angeben, um wieviel die Saugkräfte $\mathfrak{S}_1$ und $\mathfrak{S}_2$ gegenüber der Einzelplatte vergrößert bzw. verkleinert sind, nämlich [vgl. (5) und (6)]

$$(25)\quad\begin{cases}\dfrac{l_4-l_1}{l_3-l_1}=1+\mathsf{S},\\[2mm]\dfrac{l_3-l_2}{l_3-l_1}=1-\mathsf{S}\end{cases}$$

mit der Abkürzung

$$(26)\qquad \mathsf{S}=\frac{1}{1+2\dfrac{d}{b}},$$

während Fig. 50 die Quotienten ξ_0'/b und ξ_0''/b darstellt.

Die Neigungswinkel β_1 und β_2 der Resultanten $\mathfrak{P}_1$ aus $\mathfrak{D}_1$, $\mathfrak{S}_1$ und $\mathfrak{P}_2$ aus $\mathfrak{D}_2$, $\mathfrak{S}_2$ gegen die positive y-Achse sind bestimmt durch

$$(27)\qquad \operatorname{tg}\beta_1=\frac{\mathfrak{S}_1}{\mathfrak{D}_1}=\frac{1+\mathsf{S}}{1+\mathsf{D}}\operatorname{tg}\beta,$$

$$(28)\qquad \operatorname{tg}\beta_2=\frac{\mathfrak{S}_2}{\mathfrak{D}_2}=\frac{1-\mathsf{S}}{1-\mathsf{D}}\operatorname{tg}\beta,$$

und zwar ist, wie man dem Diagramm Fig. 49 entnimmt,

$$\beta_1>\beta\qquad \beta_2<\beta.$$

Der Gesamtauftrieb der vorderen Fläche ist gegenüber dem Vektor $\mathfrak{w}$ etwas vorwärts, der der hinteren Fläche etwas rückwärts geneigt.

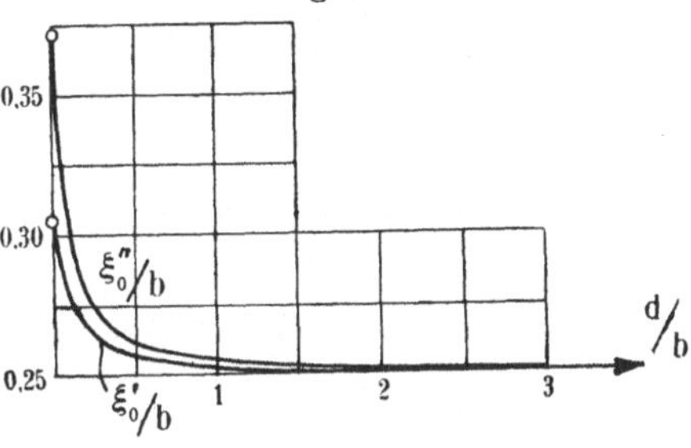

Fig. 50.

Insbesondere merken wir noch an, daß für $d=0$, d. h. im Falle einer einzigen Platte mit $k^2=1$, $\mathsf{E}=1$ und $\mathsf{D}=2/\pi$ die Druckauftriebe der beiden Plattenhälften sich wie

$$\frac{\pi+2}{\pi-2}\approx\frac{9}{2}$$

verhalten.

Die beiden Einzelzirkulationen, die durch dieselben Integrationen wie die Druckauftriebe zu berechnen sind, finden sich ohne weiteres zu

$$(29)\qquad c_1=\pi b\,\mathfrak{v}\sin\beta\,(1+\mathsf{D}),$$

$$(30)\qquad c_2=\pi b\,\mathfrak{v}\sin\beta\,(1-\mathsf{D}),$$

6*

bei deren Vergleichung mit einer einzigen Platte § 12 (9), S. 59 zu beachten ist, daß hier mit b die ganze Breite jeder Fläche bezeichnet wurde.

Alle diese Ergebnisse setzen, wie betont werden muß, voraus, daß die Vorderkanten hinreichend abgerundet und so die durch Kavitation drohenden Störungen daselbst beseitigt sind. Außerdem bedingen die an den Flügelenden sich ablösenden Wirbel noch gewisse Korrektionen, die später zu erörtern stehen (§ 18, 4).

§ 15. Der Doppeldecker.

1. Von noch größerem praktischen Interesse ist die Anordnung der Tragflächen übereinander im Abstand $2h$; die gemeinschaftliche Breite sei $2b$ (Fig. 51). Von den drei Teilströmungen ist die erste natürlich

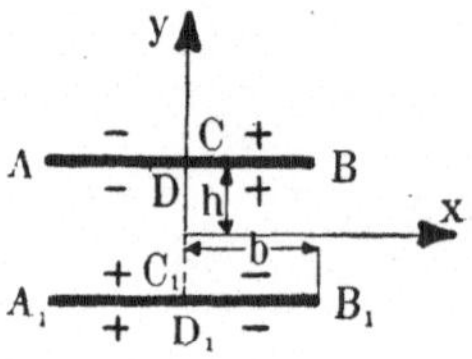

$$(1) \qquad v_{\mathrm{I}} = v_{x\infty}.$$

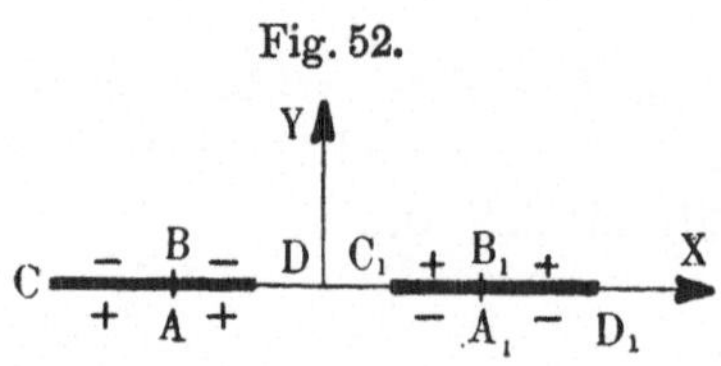

Fig. 51.

Gesetzt, es gelänge nun, die Gesamtströmung unter gegenseitiger Zuordnung der unendlich fernen Punkte auf die vorige, in der wir nun Z an Stelle von z schreiben mögen (Fig. 52), abzubilden durch

$$z = f(Z),$$

so wäre das Problem erledigt. Diese Abbildungsfunktion läßt sich in der Tat auffinden.

Es mögen sich dabei die in Fig. 51 und 52 gleich bezeichneten Punkte entsprechen, so daß man sich den Übergang der beiden Bilder ineinander so vorstellen kann, als ob die Konturen CD und C_1D_1 in Fig. 52 innerlich gespalten und dann an den Punkten AB und A_1B_1 auseinandergezogen würden, bis C an D und C_1 an D_1 zu liegen

Fig. 52.

kommt, so daß das Ganze schließlich nur noch um 90° im Uhrzeigersinne zu drehen ist.

Indem wir die Ecken C und D_1 nach $Z = -1$ und $Z = +1$ legen, soll also mit zwei echten Brüchen ε und k einander zugeordnet sein:

Punkt	$z =$	$Z =$	Punkt	$z =$	$Z =$
	0	0		∞	∞
C	ih (oben)	-1	C_1	$-ih$ (oben)	k
B	$b + ih$	$-\varepsilon$ (oben)	B_1	$b - ih$	ε (oben)
D	ih (unten)	$-k$	D_1	$-ih$ (unten)	1
A	$-b + ih$	$-\varepsilon$ (unten)	A_1	$-b - ih$	ε (unten)

Der Strömung (1) entspricht bei dieser Abbildung in der Z-Ebene eine translatorische, die im Unendlichen zur Y-Achse parallel geht und deren Geschwindigkeitsfunktion V_I nach den Erörterungen des vorigen Paragraphen bekannt ist. Sind nämlich $A B A_1 B_1$ die Staupunkte, so wird mit einem noch unbestimmten Proportionalitätsfaktor δ, dem wir aus Dimensionsgründen noch b hinzufügen, (vgl. S. 77)

$$(2) \qquad V_\mathrm{I} = b\delta v_{x\infty} \frac{Z^2 - \varepsilon^2}{\sqrt{(1 - Z^2)(Z^2 - k^2)}}.$$

Andererseits hat man nach § 10 (3), S. 52 zu setzen

$$v_\mathrm{I} = V_\mathrm{I} \frac{dZ}{dz}$$

oder nach (1)

$$(3) \qquad \frac{dz}{dZ} = b\delta \frac{Z^2 - \varepsilon^2}{\pm \sqrt{(1 - Z^2)(Z^2 - k^2)}},$$

so daß nach Auswertung eines Integrals der Zusammenhang zwischen z und Z bekannt ist. Wählen wir, was uns freisteht, δ positiv, so ist das Vorzeichen der Quadratwurzel durch Vergleichung entsprechender Elemente der Konturen Fig. 51 und 52 leicht festzustellen; es ist in Fig. 51 eingetragen.

Fig. 53.

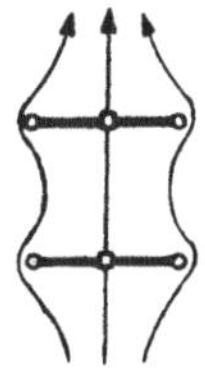

Fügen wir noch eine Zirkulation $\varLambda$, die offenbar auch hier den Ursprung als Staupunkt hat, hinzu, so lautet die Gesamtströmung in der Z-Ebene

$$V = b\delta v_{y\infty} + \frac{b\delta(Z^2 - \varepsilon^2)v_{x\infty} + \varLambda Z}{\sqrt{(1 - Z^2)(Z^2 - k^2)}},$$

mithin in der z-Ebene

$$(4) \qquad v = v_{x\infty} + \frac{\sqrt{(1 - Z^2)(Z^2 - k^2)}}{Z^2 - \varepsilon^2} v_{y\infty} + \frac{\varLambda}{b\delta} \frac{Z}{Z^2 - \varepsilon^2}.$$

Überlegt man an Hand der Fig. 53, in welcher Weise die zweite Teilströmung in (4) die Konturen umfließt, so erweist sich das noch unbestimmte Vorzeichen der Quadratwurzel längs CAD und $C_1 B_1 D_1$ als positiv, längs CBD und $C_1 A_1 D_1$ dagegen als negativ, wie in Fig. 52 eingetragen. Damit also an den Hinterkanten B und B_1 des Doppeldeckers Fig. 51 die Geschwindigkeit endlich bleibe, muß der Ausdruck

$$b\delta \sqrt{(1 - Z^2)(Z^2 - k^2)}\, v_{y\infty} + A Z$$

sowohl für $Z = -\varepsilon$ und negatives Wurzelzeichen, wie für $Z = +\varepsilon$ und positives Zeichen verschwinden; dies führt auf die Bedingung

$$(5) \qquad A = -\frac{b\delta}{\varepsilon} \sqrt{(1 - \varepsilon^2)(\varepsilon^2 - k^2)}\, v_{y\infty},$$

so daß endgültig kommt

$$(6) \qquad v = v_{x\infty} + \frac{\pm\,\varepsilon \sqrt{(1 - Z^2)(Z^2 - k^2)} - Z \sqrt{(1 - \varepsilon^2)(\varepsilon^2 - k^2)}}{\varepsilon(Z^2 - \varepsilon^2)}\, v_{y\infty}$$

mit glattem Abfluß $v_{x\infty}$ an den Hinterkanten.

Es handelt sich jetzt vor allem darum, die Konstanten ε, k und δ zu bestimmen. Weil die Nullpunkte beider Ebenen sich entsprechen sollen, so folgt aus (3)

$$(7) \qquad z = b\delta \int_0^Z \frac{Z^2 - \varepsilon^2}{\sqrt{(1 - Z^2)(Z^2 - k^2)}}\, dZ$$

und somit für die Punkte C_1, A_1, D_1

$$-ih = b\delta \int_0^k \frac{X^2 - \varepsilon^2}{\sqrt{(1 - X^2)(X^2 - k^2)}}\, dX$$

$$-b - ih = b\delta \int_0^\varepsilon \frac{X^2 - \varepsilon^2}{\sqrt{(1 - X^2)(X^2 - k^2)}}\, dX$$

$$-ih = b\delta \int_0^1 \frac{X^2 - \varepsilon^2}{\sqrt{(1 - X^2)(X^2 - k^2)}}\, dX$$

oder besser durch Subtraktion der zweiten dieser Beziehungen und ebenso der ersten von der dritten

$$(8) \qquad \frac{h}{b} = \delta \int_0^k \frac{\varepsilon^2 - X^2}{\sqrt{(1 - X^2)(k^2 - X^2)}}\, dX,$$

$$(9) \qquad 1 = \delta \int\limits_{1}^{\varepsilon} \frac{\varepsilon^2 - X^2}{\sqrt{(1 - X^2)(X^2 - k^2)}}\, d\,X,$$

$$(10) \qquad 0 = \int\limits_{k}^{1} \frac{\varepsilon^2 - X^2}{\sqrt{(1 - X^2)(X^2 - k^2)}}\, d\,X$$

als Bestimmungsgleichungen für ε, k, δ; die Wurzeln sind positiv und der Integrationsweg ist entlang der reellen Achse zu wählen.

Um diese elliptischen Integrale auf die zum Teil schon in § 14, **2** benutzten Normalformen zu bringen, führt man in (8) eine neue Veränderliche t durch

$$X = k\,t$$

ein und hat dann mit den früheren Bezeichnungen

$$(11) \qquad \frac{h}{b} = \delta\,[\mathsf{E} - (1 - \varepsilon^2)\,\mathsf{K}].$$

Setzt man desgleichen eine andere, ohne Gefahr ebenfalls t genannte Veränderliche vermöge

$$1 - X^2 = (1 - k^2)\,t^2$$

in (9) und (10) ein, so nehmen diese die Form an

$$(12) \qquad \frac{1}{\delta} = E'(t_0) - \varepsilon^2\,F'(t_0),$$

$$(13) \qquad \varepsilon^2 = \frac{\mathsf{E}'}{\mathsf{K}'}\,.$$

Dabei ist

$$(14) \qquad t_0 = +\sqrt{\frac{1 - \varepsilon^2}{1 - k^2}}\,,$$

und

$$E'(t_0) = \int\limits_{0}^{t_0} \sqrt{\frac{1 - k'^2 t^2}{1 - t^2}}\, dt,$$

$$F'(t_0) = \int\limits_{0}^{t_0} \frac{dt}{\sqrt{(1 - t^2)(1 - k'^2 t^2)}}$$

bedeuten die (nicht vollständigen) Normalintegrale, die zum sogenannten komplementären Modul

$$(15) \qquad k' = +\sqrt{1 - k^2}$$

gehören, während mit E' und K' analog die vollständigen Normalintegrale dieses Moduls bezeichnet sind. Die oben genannten
Tafeln enthalten die Werte aller dieser Integrale.

Um ε, k, δ hieraus zu berechnen, wird man, von einem beliebigen Wert k ausgehend, aus (11) bis (15) der Reihe nach k',
ε, δ und schließlich h/b ermitteln und dann k so lange variieren,
bis man den gewünschten Wert von h/b trifft.

Im unendlich Fernen ist nach (3)

$$\left(\frac{dz}{dZ}\right)_{\infty} = -\,ib\delta$$

und also auch

(16)
$$\left(\frac{z}{Z}\right)_{\infty} = -\,ib\delta.$$

Mithin verhält sich der zirkulatorische Bestandteil der Strömung
(4) dort wie

$$\frac{\varLambda}{b\delta Z} = -\,\frac{i\varLambda}{z},$$

so daß die Zirkulationsstärke nach (5) und § 5, **1** gleich

(17)
$$c = 2\pi v_{y\infty}\,\frac{b\delta}{\varepsilon}\,\sqrt{(1-\varepsilon^2)\,(\varepsilon^2-k^2)}$$

und daher die Auftriebsdichte

(18)
$$|P| = 2\pi\varrho\,b\,v^2\sin\beta\,.\,2\mathsf{L}$$

wird, wenn man zur Abkürzung nach (12) und (13)

(19) $$2\mathsf{L} = \frac{\delta}{\varepsilon}\,\sqrt{(1-\varepsilon^2)\,(\varepsilon^2-k^2)} = \frac{\sqrt{(\mathsf{K}'-\mathsf{E}')(\mathsf{E}'-k^2\mathsf{K}')}}{\mathsf{K}'E'(t_0)-\mathsf{E}'F'(t_0)}\,\sqrt{\frac{\mathsf{K}'}{\mathsf{E}'}}$$

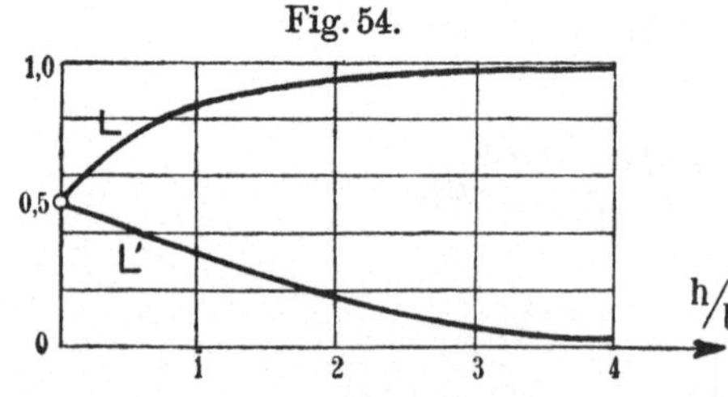

Fig. 54.

setzt. Der Faktor $2\mathsf{L}$ gibt
an, um wieviel der Auf-
trieb des Doppeldeckers
gegenüber einem Eindecker
von gleicher Flügeltiefe $2b$
vergrößert erscheint und
hängt nur von dem Ver-
hältnis h/b ab, als dessen

Funktion L in Fig. 54 aufgetragen ist. Insofern immer $\mathsf{L} < 1$
bleibt, besagt dies:

Die Tragfähigkeit eines Doppeldeckers ist um so
größer, je weiter die Flächen voneinander abstehen; sie

erreicht aber nie das Doppelte eines gleich großen Eindeckers.

Entwickelt man die Geschwindigkeit (6) für große Absolutwerte von Z in eine nach fallenden Potenzen von Z fortschreitende
Reihe, so findet man

$$v = v_\infty - v_{y\infty}\left[\frac{\sqrt{(1 - \varepsilon^2)(\varepsilon^2 - k^2)}}{\varepsilon Z} - \frac{i}{Z^2}\left(\frac{1}{2} + \frac{k^2}{2} - \varepsilon^2\right) + \cdots\right].$$

Dies ist zwar noch nicht die Fundamentalreihe selbst, aber sie
kann daraus infolge des einfachen Zusammenhanges (16) zwischen
z und Z in der Nähe des unendlich fernen Punktes leicht
vollends ermittelt werden:

$$v = v_\infty + ib\delta v_{y\infty}\left[\frac{\sqrt{(1 - \varepsilon^2)(\varepsilon^2 - k^2)}}{\varepsilon z} - \frac{b\delta}{z^2}\left(\frac{1}{2} + \frac{k^2}{2} - \varepsilon^2\right) + \cdots\right].$$

Nach § 4 (19), S. 28 liegt der Schwerpunkt der Zirkulation somit
auf der x-Achse und hat die Abszisse:

$$(20)\qquad x_0 = -\frac{b\delta\varepsilon}{2}\frac{1 + k^2 - 2\varepsilon^2}{\sqrt{(1 - \varepsilon^2)(\varepsilon^2 - k^2)}} = -\frac{b}{2}\cdot\delta^2\frac{1 + k^2 - 2\varepsilon^2}{2\mathsf{L}}.$$

Das Diagramm Fig. 55
veranschaulicht, wie der
Faktor, mit dem hier die
für die Einzelplatte gül-
tige Abszisse $-b/2$ [vgl.
§ 12 (14), S. 60] behaftet
ist, sich mit dem Ver-
hältnis h/b ändert.

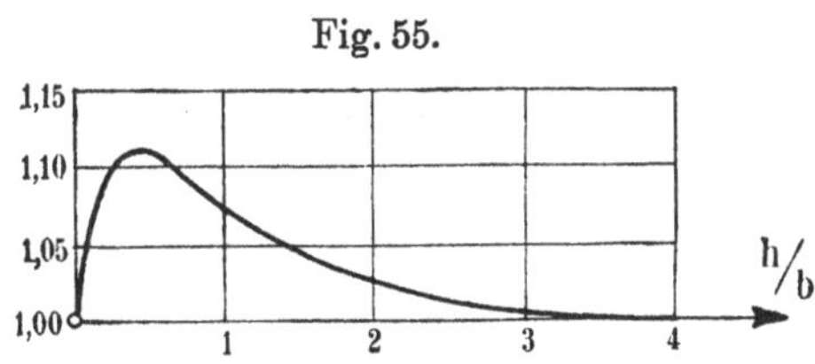

Fig. 55.

2. Von großer praktischer Wichtigkeit ist nun die Frage:
wie verteilt sich der Druckauftrieb auf die beiden Tragflächen?
Was zunächst die Saugkräfte an der Vorderkante betrifft, so geht
aus (6) hervor, daß v sich für $Z = -\varepsilon$ und negatives Wurzelzeichen ebenso verhält wie für $Z = +\varepsilon$ und positives Zeichen;
folglich sind auch die Dichten der beiden Saugkräfte gleich groß,
nämlich nach (18)

$$(21)\qquad\qquad \mathfrak{S}_1 = \mathfrak{S}_2 = 2\pi\varrho b v^2 \sin^2\beta.\mathsf{L}.$$

Die Druckauftriebe $\mathfrak{D}_1$ und $\mathfrak{D}_2$ müssen nach der Blasiusschen Formel berechnet werden, indem man den Ausdruck

$$v^2\, dz = v^2\,\frac{dz}{dZ}\,dZ$$

über die Einzelkonturen entweder der Fig. 51 oder zweckmäßiger der Fig. 52 integriert und im Ergebnis imaginäre Glieder (die wieder auf $\mathfrak{S}_1$ und $\mathfrak{S}_2$ führen würden) fortläßt.

Zerlegt man die Geschwindigkeit (6), wie schon früher wiederholt geschah, in ihre drei Teile

$$v = v_\mathrm{I} + v_\mathrm{II} + v_\mathrm{III},$$

so kann das von der Parallelströmung herrührende Glied $v_\mathrm{I}^2\,dz$ keinerlei Beitrag ergeben. Nach Fig. 51 und 52 ist das Wurzelvorzeichen des Produktes $2\,v_\mathrm{I}v_\mathrm{II}\,dz/dZ$ längs beiden Konturen überall negativ, das von $2\,v_\mathrm{II}v_\mathrm{III}\,dz/dZ$ überall positiv, so daß die Drücke auf entsprechende Punkte der Ober- und Unterseite jeder Kontur sich aufheben, soweit sie von diesen Gliedern herrühren. Die Vorzeichen der noch übrig bleibenden Terme sind

längs	AC	CB	BD	DA	A_1C_1	C_1B_1	B_1D_1	D_1A_1
für $g_1(Z) \equiv 2\,v_\mathrm{I}v_\mathrm{III}\dfrac{dz}{dZ}$	$+$	$-$	$-$	$+$	$-$	$+$	$+$	$-$
für $g_2(Z) \equiv (v_\mathrm{II}^2 + v_\mathrm{III}^2)\dfrac{dz}{dZ}$	$-$	$+$	$+$	$-$	$+$	$-$	$-$	$+$

und somit die zugehörigen Kraftanteile auf die beiden Konturen

$$(22)\qquad \frac{\varrho}{2}\int\limits^{(1)}g_1(Z)dZ = \frac{\varrho}{2}\int\limits^{(2)}g_1(Z)dZ = 2\,\pi\,\varrho\,b\,v^2\sin\beta\cos\beta\,.\,\mathsf{L}''$$

$$(23)\qquad \frac{\varrho}{2}\int\limits^{(1)}g_2(Z)dZ = -\frac{\varrho}{2}\int\limits^{(2)}g_2(Z)dZ = 2\,\pi\,\varrho\,b\,v^2\sin^2\beta\,.\,\mathsf{L}'.$$

Dabei sind L' und L'' die folgenden Abkürzungen

$$(24)\qquad \mathsf{L}'' = \frac{\delta}{\pi\,\varepsilon}\sqrt{(1-\varepsilon^2)(\varepsilon^2-k^2)}\int\limits_k^1 \frac{Z\,dZ}{\sqrt{(1-Z^2)(Z^2-k^2)}}$$

$$(25)\qquad \mathsf{L}' = \frac{\delta}{2\,\pi}\int\limits_k^1 \frac{\sqrt{(1-Z^2)(Z^2-k^2)}}{Z^2-\varepsilon^2}\,dZ$$

$$+ \frac{\delta}{2\,\pi\,\varepsilon^2}(1-\varepsilon^2)(\varepsilon^2-k^2)\int\limits_k^1 \frac{Z^2\,dZ}{(Z^2-\varepsilon^2)\sqrt{(1-Z^2)(Z^2-k^2)}}\,.$$

Da das rechtsseitige Integral in (24) den leicht zu ermittelnden
Wert $\pi/2$ hat, so zeigt der Vergleich mit (19), daß

$$(26) \qquad \mathsf{L}'' = \mathsf{L}$$

ist, was nach (18) zu erwarten war. Denn da sich die beiden
Druckkräfte (23) für das Gesamtsystem aufheben, so mußten die
beiden Druckkräfte (22) zusammen gleich der y-Komponente des
Auftriebs sein.

Der Ausdruck L' läßt sich zusammenziehen

$$\mathsf{L}' = \frac{\delta}{2\,\pi\,\varepsilon^2}\cdot$$

$$\cdot \int_k^1 \frac{(2\,\varepsilon^2 + 2\,\varepsilon^2 k^2 - k^2 - 2\,\varepsilon^4 - Z^2\varepsilon^2)(Z^2 - \varepsilon^2) + 2\,\varepsilon^2(1 - \varepsilon^2)(\varepsilon^2 - k^2)}{(Z^2 - \varepsilon^2)\,\sqrt{(1 - Z^2)(Z^2 - k^2)}}\,dZ.$$

Zerspaltet man dies wieder in die Summe dreier Integrale und
führt dann die schon oben benutzte neue Veränderliche t durch

$$1 - Z^2 = k'^2 t^2$$

ein, so findet man schnell

$$(27)\ \mathsf{L}' = \frac{\delta}{2\,\pi}\left[\frac{2\,\varepsilon^2 + 2\,\varepsilon^2 k^2 - k^2 - 2\,\varepsilon^4}{\varepsilon^2}\,\mathsf{K}' - \mathsf{E}' - 2\,(\varepsilon^2 - k^2)\,t_0^2\,\mathsf{\Pi}'\right].$$

Dabei ist t_0 die in (14), S. 87 definierte Zahl und

$$(28)\qquad \mathsf{\Pi}' = \int_0^1 \frac{dt}{(t^2 - t_0^2)\,\sqrt{(1 - t^2)(1 - k'^2 t^2)}}$$

ein sogenanntes vollständiges elliptisches Integral dritter Gattung,
bei dessen Berechnung berücksichtigt werden muß, daß der Inte-
grand an der Stelle $t = t_0$ $(Z = \varepsilon)$ über alle Grenzen wächst, so
daß man den Integrationsweg auf einen kleinen Halbkreis um
diesen Punkt herumführen muß. Der Beitrag, den dieser Halbkreis zum Integrale liefert, ist natürlich (man vergleiche die
ganz ähnliche Residuenrechnung § 4, 2, sowie die Bemerkung
S. 90 oben) rein imaginär und daher in L' nicht aufzunehmen; er
stellt einfach die schon in (21) ermittelte Saugkraft vor, wie man
ganz leicht auch durch wirkliches Ausrechnen feststellen könnte.
Wir wollen uns mit der Auswertung des Integrals (28), das die
Theorie der elliptischen Integrale auf solche erster und zweiter
Gattung zurückzuführen lehrt*), nicht aufhalten, sondern haben

---

*) Siehe z. B. A. Enneper, Elliptische Funktionen, Halle 1890, S. 248.

die Größe L' über den Abszissen des Quotienten h/b gleich in Fig. 54 mit aufgetragen.

Hiernach sind die Dichten der Druckauftriebe für die beiden Flächen des Doppeldeckers

$$(29) \qquad \mathfrak{D}_1 = \pi \varrho\, b\, v^2 \sin 2\,\beta \cdot (\mathsf{L} + \mathsf{L}'\, \mathrm{tg}\, \beta)$$

$$(30) \qquad \mathfrak{D}_2 = \pi \varrho\, b\, v^2 \sin 2\,\beta \cdot (\mathsf{L} - \mathsf{L}'\, \mathrm{tg}\, \beta),$$

während sich beide Platten mit der Kraftdichte

$$(31) \qquad (\mathfrak{D}_1 - \mathfrak{D}_2) = 4\,\pi \varrho\, b\, v^2 \sin^2 \beta \cdot \mathsf{L}'$$

abstoßen (§ 6, 2).

Der Druckauftrieb der oberen Platte ist immer größer als der der unteren; der letztere wird sogar negativ, sobald

$$\beta > \mathrm{arc}\, \mathrm{tg}\, \frac{\mathsf{L}}{\mathsf{L}'}$$

ist. Da allerdings $\mathsf{L} > \mathsf{L}'$ bleibt, so tritt dies theoretisch erst bei solchen Anstellwinkeln ein, die praktisch nie benutzt werden und für die auch die Bedingung glatten Abfließens an den Hinterkanten gewiß nicht mehr erfüllt wäre.

Daß die obere Tragfläche allemal auch den größeren Auftrieb erfährt, ist übrigens qualitativ leicht einzusehen. Durch die Nachbarschaft der beiden Platten wird das nach § 12, 2, S. 61, für die obere Fläche ausschlaggebende Drucksystem auf der Oberseite nur wenig gestört, stark dagegen das auf der Oberseite der unteren Platte.

Die Neigungswinkel β_1 und β_2 der Resultante $\mathfrak{P}_1$ aus $\mathfrak{D}_1$, $\mathfrak{S}_1$ und $\mathfrak{P}_2$ aus $\mathfrak{D}_2$, $\mathfrak{S}_2$ gegen die positive y-Achse sind bestimmt durch

$$(32) \qquad \mathrm{tg}\, \beta_1 = \frac{\mathfrak{S}_1}{\mathfrak{D}_1} = \frac{\mathsf{L}\, \mathrm{tg}\, \beta}{\mathsf{L} + \mathsf{L}'\, \mathrm{tg}\, \beta}$$

$$(33) \qquad \mathrm{tg}\, \beta_2 = \frac{\mathfrak{S}_2}{\mathfrak{D}_2} = \frac{\mathsf{L}\, \mathrm{tg}\, \beta}{\mathsf{L} - \mathsf{L}'\, \mathrm{tg}\, \beta} \cdot$$

Der Auftrieb der oberen Platte ist gegenüber dem Vektor $\mathfrak{w}_\infty$ etwas rückwärts, der der unteren etwas vorwärts geneigt.

Wir merken für später noch an, daß die Einzelzirkulationen

$$\int v_{\mathrm{III}}\, dz = \int v_{\mathrm{III}}\, \frac{dz}{dZ}\, dZ$$

um die beiden Konturen offenbar durch das von dem Faktor $\varrho\, v_{\mathrm{r}}$ befreite Integral (22) dargestellt sind und also den gleichen Betrag

$$(34) \qquad c_1 = c_2 = 2\,\pi\, b\, \mathsf{v} \sin\beta\,.\,\mathsf{L}$$

haben.

Alle diese Ergebnisse sind von W. M. Kutta[20]) gefunden worden, der in ähnlicher Weise auch den Doppeldecker mit gewölbten Tragflächen untersucht hat, und bedürfen, sobald es sich um Flügel von endlicher Länge handelt, infolge der Wirbel an den Flügelenden wiederum einer nicht unerheblichen Korrektur (§ 18, 4).

§ 16. Tragflächen in Gitteranordnung.

1. Es bietet keine Schwierigkeit, die Geschwindigkeitsformel § 14 (1), S. 77 dahin zu verallgemeinern, daß eine beliebige Reihe gerader, in der x-Achse hintereinander angeordneter Konturen vorliegt. Man hat dann einfach weitere Faktoren $z - l_{2\nu}$ für die Hinterkanten $l_{2\nu}$ dem Zähler und weitere Faktoren $z - l_{2\nu+1}$ für die Vorderkanten $l_{2\nu+1}$ dem Nenner der Quadratwurzel zuzufügen. Besonders durchsichtig ist die Rechnung, wenn die Konturenreihe

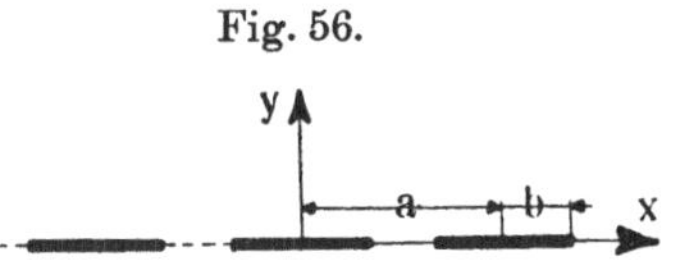

endlos wird, während die einzelnen Individuen selbst gleiche Längen $2\,b$ und gleiche konsekutive Mittenabstände a haben, so daß ein Gitter entsteht, dessen Achse im Unterschied von § 7 allerdings mit der x-Achse zusammenfällt (Fig. 56). Es muß natürlich $a > 2\,b$ sein.

Da der Zähler der Quadratwurzel nun in den Punkten

$$(1) \qquad z = \nu a + b \qquad (\nu = 0, \pm 1, \pm 2, \ldots),$$

der Nenner dagegen in den Punkten

$$(2) \qquad z = \nu a - b$$

verschwinden soll, so kann man statt der unendlich langen Produkte kurz die Sinusfunktion zu Hilfe nehmen und hat also mit zwei zur Vorsicht noch unbestimmt gelassenen Konstanten A, B

$$(3) \qquad v = A + B \sqrt{\dfrac{\sin\dfrac{\pi}{a}(b - z)}{\sin\dfrac{\pi}{a}(b + z)}}\,.$$

A ist dann zugleich die Geschwindigkeit, mit der die Luft an den Hinterkanten glatt abfließt. Damit die Konturen Stromlinien seien, muß v für alle Intervalle

$$(4) \qquad z = v\,a + \xi \qquad -b \leqq \xi \leqq +b$$

reell werden. Es bedeutet dabei ξ die Abszisse des betreffenden Konturpunktes, von der Mitte der zugehörigen Kontur aus gerechnet. Die Geschwindigkeit wird an diesen Stellen

$$v = A + B\sqrt{\dfrac{\sin \dfrac{\pi}{a}(b - \xi)}{\sin \dfrac{\pi}{a}(b + \xi)}}$$

also reell, vorausgesetzt, daß auch A und B reell gewählt werden.

Führt man an Stelle der trigonometrischen die Exponentialfunktion ein, so kann man den Wert der Geschwindigkeit

$$v = A + B\sqrt{\dfrac{e^{+\frac{i\pi b}{a}}\,e^{-\frac{i\pi z}{a}} - e^{-\frac{i\pi b}{a}}\,e^{+\frac{i\pi z}{a}}}{e^{\frac{i\pi b}{a}}\,e^{\frac{i\pi z}{a}} - e^{-\frac{i\pi b}{a}}\,e^{-\frac{i\pi z}{a}}}}$$

sofort für $z = \pm i\,\infty$ angeben, nämlich

$$v_{\pm i\infty} = A + i B e^{\pm\frac{i\pi b}{a}} = A + i B \cos\frac{\pi b}{a} \mp B \sin\frac{\pi b}{a}.$$

Benutzt man die Bezeichnungen von § 7, S. 41, schreibt also

$$v_{\pm i\infty} = v'_{x\infty} - i v'_{y\infty} \pm v''_{x\infty},$$

so zeigt der Vergleich, daß

$$(5) \qquad \begin{cases} A = v'_{x\infty} \\[2mm] B = -\dfrac{v'_{y\infty}}{\cos\dfrac{\pi b}{a}} \end{cases}$$

ist, womit die noch offenen Konstanten in den unendlich fernen Komponenten der zirkulationslosen Strömung ausgedrückt sind, während die Zirkulationen selbst im Unendlichen über bzw. unter den Platten zu der Geschwindigkeit

$$(6) \qquad v_{x\infty} = \pm v'_{y\infty}\,\mathrm{tg}\,\frac{\pi b}{a}$$

Veranlassung geben, so daß zufolge der sinngemäß abgeänderten

Formel § 7 (5) die Stärke der Einzelzirkulation

$$(7) \qquad c = 2\,a\,v'_{y\infty}\,\operatorname{tg}\frac{\pi b}{a}$$

und also die Auftriebsdichte jeder Platte mit $|v'_\infty| = v$

$$(8) \qquad |\mathfrak{P}| = 2\,a\,\varrho\,v'^2 \sin\beta'\,.\,\operatorname{tg}\frac{\pi b}{a}$$

wird; ihre Richtung fällt in den Normalvektor von $\mathfrak{v}'_\infty$, und es ist

$$\frac{v'_{y\infty}}{v'_{x\infty}} = \operatorname{tg}\beta'$$

gesetzt. Der Auftrieb ist im Vergleich mit der Einzelkontur § 12 (13), S. 60 bei gleicher Richtung vergrößert nach Maßgabe des Faktors

$$(9) \quad \mathsf{L} = \frac{a}{\pi b}\operatorname{tg}\frac{\pi b}{a} > 1,$$

dessen Werte in Fig. 57 über den Abszissen a/b aufgetragen sind.

Fig. 57.

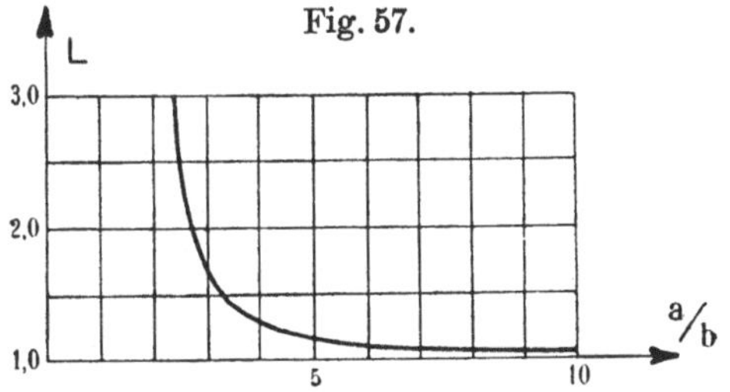

Die Geschwindigkeit (3) wird Null an allen auf den Konturen liegenden Punkten z_1, die der Bedingung gehorchen

$$\frac{A^2}{B^2} = \frac{\sin\dfrac{\pi}{a}(b - z_1)}{\sin\dfrac{\pi}{a}(b + z_1)} = \frac{\operatorname{tg}\dfrac{\pi b}{a} - \operatorname{tg}\dfrac{\pi z_1}{a}}{\operatorname{tg}\dfrac{\pi b}{a} + \operatorname{tg}\dfrac{\pi z_1}{a}}.$$

Man formt dies nach (5) leicht um in

$$(10) \qquad \operatorname{tg}\frac{\pi z_1}{a} = \frac{\operatorname{tg}^2\beta' - \cos^2\dfrac{\pi b}{a}}{\operatorname{tg}^2\beta' + \cos^2\dfrac{\pi b}{a}}\operatorname{tg}\frac{\pi b}{a}$$

oder auch, indem man den Abstand

$$\xi_1 = -\,v\,a + b + z_1$$

von der zugehörigen Hinterkante einführt,

$$(11) \qquad \operatorname{tg}\frac{\pi \xi_1}{a} = \frac{2\sin^2\beta'}{1 - \sin^2\beta'\operatorname{tg}^2\dfrac{\pi b}{a}}\operatorname{tg}\frac{\pi b}{a},$$

so daß jedenfalls für kleine Winkel β' auch ξ_1 sehr klein bleibt.

2. Von vielleicht noch größerem Interesse ist für die Flugtechnik eine zweite Anordnung der Gitterplatten, wie sie Fig. 58 zeigt. Es liegt nahe, die zugehörige Geschwindigkeitsfunktion aus (3) abzuleiten, indem man a durch $-ia$ ersetzt, womit dann die trigonometrischen in die Hyperbelfunktionen übergehen:

Fig. 58.

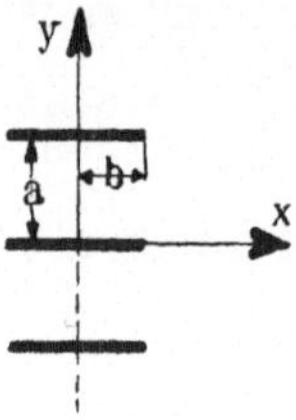

$$(12) \qquad v = A + B \sqrt{\dfrac{\operatorname{Sin} \dfrac{\pi}{a}(b-z)}{\operatorname{Sin} \dfrac{\pi}{a}(b+z)}}.$$

Da $\operatorname{Sin} v i \pi = 0$ ist, so besitzen Zähler und Nenner in der Tat die erforderlichen Nullstellen $z = \pm b + v i a$, und v ist, wie es sein muß, reell für

$$z = \xi + v i a \qquad -b \leqq \xi \leqq +b.$$

Nimmt man sodann wieder die Exponentialfunktion zu Hilfe, so findet man für die unendlich fernen Punkte der x-Achse die Geschwindigkeit

$$v_{\pm\infty} = A + i B e^{\mp \frac{\pi b}{a}} = A + i B \operatorname{Cof} \frac{\pi b}{a} \mp i B \operatorname{Sin} \frac{\pi b}{a}$$

und daher

$$(13) \qquad \begin{cases} A = v'_{x\infty} \\[2mm] B = -\dfrac{v'_{y\infty}}{\operatorname{Cof} \dfrac{\pi b}{a}} \end{cases}$$

$$(14) \qquad v''_{y\,(\pm\infty)} = \pm v'_{y\infty} \operatorname{Tg} \frac{\pi b}{a}$$

$$(15) \qquad c = 2\,a\,v'_{y\infty} \operatorname{Tg} \frac{\pi b}{a}$$

$$(16) \qquad |P| = 2\,a\,\varrho\,v'^2 \sin \beta' \cdot \operatorname{Tg} \frac{\pi b}{a}.$$

Hier ist der Auftrieb gegenüber der Einzelplatte verkleinert nach Maßgabe des in Fig. 59 graphisch dargestellten Faktors

$$(17) \qquad \mathsf{L} = \frac{a}{\pi b} \operatorname{Tg} \frac{\pi b}{a} < 1$$

Die Spaltungspunkte z_1 gehorchen der Bedingung

$$(18) \qquad \operatorname{Tg} \frac{\pi z_1}{a} = \frac{\operatorname{tg}^2 \beta' - \operatorname{Cof}^2 \dfrac{\pi b}{a}}{\operatorname{tg}^2 \beta' + \operatorname{Cof}^2 \dfrac{\pi b}{a}} \operatorname{Tg} \frac{\pi b}{a}$$

oder

$$(19) \qquad \mathfrak{Tg}\,\frac{\pi\xi_1}{a} = \frac{2\sin^2\beta'}{1+\sin^2\beta'\,\mathfrak{Tg}^2\dfrac{\pi b}{a}}\,\mathfrak{Tg}\,\frac{\pi b}{a},$$

wenn wieder mit ξ_1 der Abstand von der zugehörigen Vorderkante bezeichnet wird.

Der praktische Wert dieser Rechnungen besteht darin, daß sie die Verhältnisse wesentlich richtig angeben für die mittleren Platten einer sehr großen, wiewohl endlichen Plattenreihe, und daß im Hinblick auf die Ergebnisse für zwei Platten (§ 15) der wahrscheinliche Wert des Faktors L dann ziemlich gut interpoliert werden kann, indem man die Diagramme Fig. 54 und 59 übereinanderlegt.

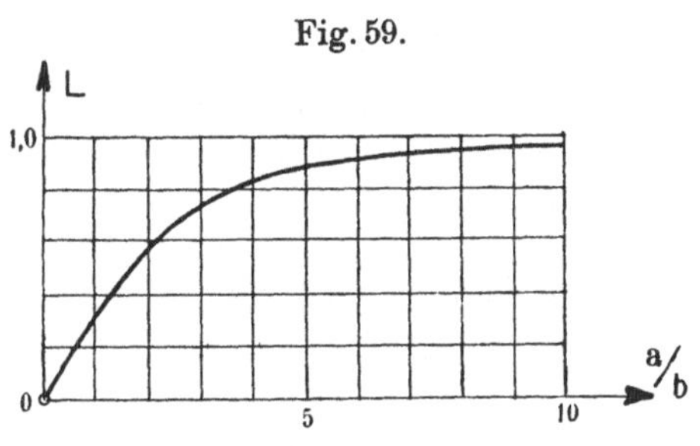

3. Wie schon in § 9, 2, S. 48 betont, ist das Studium der Gitterströmungen wichtig für die Theorie der Propeller, und es wäre daher erwünscht, die Geschwindigkeitsfunktion für ein Gitter von der Art der Fig. 29 oder, etwas anders dargestellt, der Fig. 60 aufzufinden, wo MM die Gitterachse und $\sqrt{a_1^2+a_2^2}$ die Gitterkonstante bedeutet. Wir versuchen, den Ansatz (3) dahin zu erweitern, daß die Ecken $z=\pm b+v(a_1+ia_2)$ Nullpunkte des Zählers bzw. Nenners der Quadratwurzel werden und schreiben

$$(20) \qquad v = A + B\sqrt{\frac{\sin\dfrac{\pi(b-z)}{a_1+ia_2}}{\sin\dfrac{\pi(b+z)}{a_1+ia_2}}}.$$

Man sieht freilich sofort, daß dieser Ausdruck für die Punkte geradliniger Konturen, d. h. für

$$z = \xi + v(a_1+ia_2), \quad -b \leqq \xi \leqq +b, \quad \xi \text{ reell}$$

nicht reell wird, so daß, wenn in der Strömung (20) überhaupt umflossene Konturen vorkommen, diese gewiß keine geraden Strecken sind, sondern irgend welche anderen, wegen der Periode

$a_1 + i a_2$ von v unter sich kongruenten, zwischen den Punkten $z = \pm b + v(a_1 + i a_2)$ ausgespannten Linien.

Um dies zu untersuchen, bilden wir durch Integration mit den Abkürzungen

$$(21) \qquad \mathsf{Z} = \frac{\pi z}{a_1 + i a_2} \qquad \mathsf{B} = \frac{\pi b}{a_1 + i a_2}$$

die Strömungsfunktion

$$\boldsymbol{\Psi} = \int v\, dz = Az + iB \frac{a_1 + i a_2}{\pi} \int \sqrt{\frac{\sin(\mathsf{Z} - \mathsf{B})}{\sin(\mathsf{Z} + \mathsf{B})}}\, d\mathsf{Z}$$

oder ausgewertet*)

$$(22) \qquad \boldsymbol{\Psi} = Az - iB \frac{a_1 + i a_2}{\pi}\left[\cos \mathsf{B} \cdot \arcsin \frac{\cos \mathsf{Z}}{\cos \mathsf{B}} + \sin \mathsf{B} \cdot \mathfrak{Ar\,Cof} \frac{\sin \mathsf{Z}}{\sin \mathsf{B}}\right].$$

Insbesondere wird für die Ecken

$$z' = -b + v(a_1 + i a_2)$$
$$z'' = +b + v(a_1 + i a_2)$$
$$2\,\boldsymbol{\Psi}(z') = -2Ab + f(v) - iB(a_1 + i a_2)(\cos \mathsf{B} + 2 i \sin \mathsf{B})$$
$$(v \text{ gerade})$$
$$2\,\boldsymbol{\Psi}(z') = -2Ab + g(v) + iB(a_1 + i a_2)\cos \mathsf{B} \qquad (v \text{ ungerade})$$
$$2\,\boldsymbol{\Psi}(z'') = 2Ab + f(v) - iB(a_1 + i a_2)\cos \mathsf{B} \qquad (v \text{ gerade})$$
$$2\,\boldsymbol{\Psi}(z'') = 2Ab + g(v) + iB(a_1 + i a_2)(\cos \mathsf{B} - 2 i \sin \mathsf{B})$$
$$(v \text{ ungerade}).$$

Die Funktionen $f(v)$ und $g(v)$ hängen davon ab, wie die mehrwertigen Funktionen $\arcsin$ und $\mathfrak{Ar\,Cof}$ normiert sind; ihr Wert ist für uns unwesentlich, denn es handelt sich hier um die Differenz

$$\boldsymbol{\Psi}(z'') - \boldsymbol{\Psi}(z') = 2Ab \mp B(a_1 + i a_2)\sin \mathsf{B} \qquad \left(v \begin{cases} \text{gerade} \\ \text{ungerade} \end{cases}\right).$$

Schreiben wir der Kürze wegen

$$(23) \qquad \begin{cases} \sin \dfrac{\pi a_1 b}{a_1^2 + a_2^2} = S & \cos \dfrac{\pi a_1 b}{a_1^2 + a_2^2} = C \\[2ex] \mathfrak{Sin} \dfrac{\pi a_2 b}{a_1^2 + a_2^2} = \mathfrak{S} & \mathfrak{Cof} \dfrac{\pi a_2 b}{a_1^2 + a_2^2} = \mathfrak{C}, \end{cases}$$

so wird

$$\sin \mathsf{B} = S\mathfrak{C} - i C\mathfrak{S}$$

---

*) Über die Umkehrfunktion $\mathfrak{Ar\,Cof}$ sehe man z. B. E. Jahnke und F. Emde, Funktionentafeln usw., S. 7 ff.

und demnach der Absolutwert des imaginären Teiles von $\boldsymbol{\Psi}(z'')$ $- \boldsymbol{\Psi}(z')$, wenn wir noch die möglicherweise komplexe Konstante B in

$$(24) \qquad B = B_1 + i B_2$$

zerspalten, gleich der Differenz

$$(25) \quad \boldsymbol{X}(z') - \boldsymbol{X}(z'') = B_1 (a_1 \, C\mathfrak{S} - a_2 \, S\mathfrak{C}) - B_2 (a_1 \, S\mathfrak{C} + a_2 \, C\mathfrak{S})$$

der Parameter der beiden Stromlinien, die durch zwei zum selben ν-Wert, also zur nämlichen Kontur gehörende Eckpunkte z' und z'' hindurchlaufen. Verschwindet diese Differenz, so fallen die beiden Linien zusammen, und ihr zwischen z' und z'' liegender Teil kann als Gitterkontur aufgefaßt werden.

Mithin muß dem Quotienten aus den beiden Konstanten B_1 und B_2 die Bedingung

$$(26) \qquad \frac{B_1}{B_2} = \frac{a_1 \, S\mathfrak{C} + a_2 \, C\mathfrak{S}}{a_1 \, C\mathfrak{S} - a_2 \, S\mathfrak{C}}$$

auferlegt werden. Die Konstante A ist als reell festgelegt durch die Forderung, daß die Geschwindigkeit $v(z'') = A$ an den Hinterkanten in die x-Richtung orientiert sei.

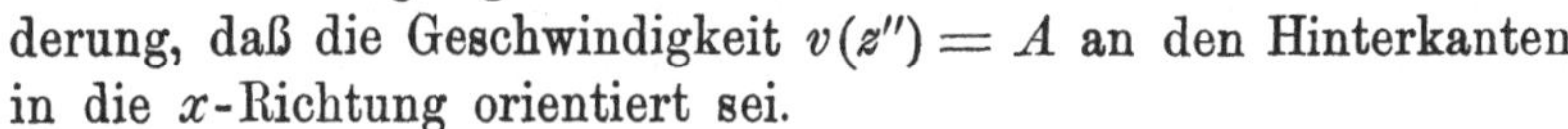

Fig. 61.

In unendlich großer Entfernung vom Gitter, d. h. für unendlich große Absolutwerte x, y, die der Proportion

$$(27) \qquad \frac{y}{x} = - \frac{a_1}{a_2}$$

gehorchen, sei die Geschwindigkeit mit $v_{\pm\infty}$ bezeichnet, je nachdem $x = \pm \infty$ genommen wird (Fig. 61). Dann ist

$$v_{\pm\infty} = A + i B \sqrt{\frac{\mathrm{tg}\,\mathsf{Z} - \mathrm{tg}\,\mathsf{B}}{\mathrm{tg}\,\mathsf{Z} + \mathrm{tg}\,\mathsf{B}}}\Bigg]_{x = \pm\infty}.$$

Nach (21) und (27) wird aber

$$\mathsf{Z} = \pi \, \frac{x + i y}{a_1 + i a_2} = - i \, \frac{\pi x}{a_2}$$

und somit wegen

$$\mathrm{tg}\,\mathsf{Z}]_{x = \pm\infty} = \mp i$$

$$(28) \qquad v_{\pm\infty} = A + i B \sqrt{\frac{\pm i + \mathrm{tg}\,\mathsf{B}}{\pm i - \mathrm{tg}\,\mathsf{B}}} = A + i B e^{\mp i \mathsf{B}}.$$

In der Anwendung, die wir hier im Auge haben, wird die Geschwindigkeit $v_{-\infty}$ vorgeschrieben sein, so daß man mit den Abkürzungen (23) bekommt

$$(29) \qquad \begin{cases} v_{x(-\infty)} = A - (B_1 S + B_2 C)(\mathfrak{S} + \mathfrak{C}) \\ v_{y(-\infty)} = (B_2 S - B_1 C)(\mathfrak{S} + \mathfrak{C}), \end{cases}$$

woraus sich im Verein mit (26)

$$(30) \qquad \begin{cases} A = v_{x(-\infty)} + v_{y(-\infty)} \dfrac{S(a_2 C - a_1 S) - a_1 \mathfrak{S}(\mathfrak{S} + \mathfrak{C})}{S(a_1 C + a_2 S) + a_2 \mathfrak{S}(\mathfrak{S} + \mathfrak{C})} \\[3mm] B_1 = \phantom{v_{x(-\infty)} + } - v_{y(-\infty)} \dfrac{a_1 S\mathfrak{C} + a_2 C\mathfrak{S}}{S(a_1 C + a_2 S) + a_2 \mathfrak{S}(\mathfrak{S} + \mathfrak{C})} \\[3mm] B_2 = \phantom{v_{x(-\infty)} + } - v_{y(-\infty)} \dfrac{a_1 C\mathfrak{S} - a_2 S\mathfrak{C}}{S(a_1 C + a_2 S) + a_2 \mathfrak{S}(\mathfrak{S} + \mathfrak{C})} \end{cases}$$

berechnen. Damit ist die Strömung bei gegebenen Abmessungen a_1, a_2, b vollständig bestimmt.

Schreibt man (28) in der Form

$$v_{+\infty} = A + iB\cos\mathsf{B} + B\sin\mathsf{B}$$
$$v_{-\infty} = A + iB\cos\mathsf{B} - B\sin\mathsf{B},$$

so lassen sich die Anteile v'_∞ und v''_∞ der translatorischen und der zirkulatorischen Strömung im Unendlichen trennen.

$$(31) \qquad v'_\infty = A + iB\cos\mathsf{B} = A + (iB_1 - B_2)(C\mathfrak{C} + iS\mathfrak{S})$$

$$(32) \qquad |v''_\infty| = |B\sin\mathsf{B}|,$$

so daß nach dem zu § 7 (5), S. 40 formulierten Satze die im Uhrzeigersinne kreisende Zirkulation die Stärke

$$c = 2\sqrt{a_1^2 + a_2^2}\,|B\sin\mathsf{B}| = 2|(a_1 + ia_2)(B_1 + iB_2)(S\mathfrak{C} - iC\mathfrak{S})|$$

besitzt, deren Berechnung durch die Bedingung (26) sehr vereinfacht wird. Man findet

$$(33) \qquad c = 2v_{y(-\infty)} \frac{(a_1^2 + a_2^2)(\mathfrak{C}^2 - C^2)}{S(a_1 C + a_2 S) + a_2 \mathfrak{S}(\mathfrak{S} + \mathfrak{C})}.$$

Schließlich erhält man für die Dichten der Auftriebskomponenten der Einzelkontur nach (31) mit (30)

$$(34) \qquad \begin{cases} P_x = - \varrho c\, v_{y(-\infty)} \dfrac{a_1 S C + a_2 \mathfrak{S}\mathfrak{C}}{S(a_1 C + a_2 S) + a_2 \mathfrak{S}(\mathfrak{S} + \mathfrak{C})} \\[3mm] P_y = \varrho c\left[v_{x(-\infty)} - a_1 v_{y(-\infty)} \dfrac{S^2 + \mathfrak{S}^2}{S(a_1 C + a_2 S) + a_2 \mathfrak{S}(\mathfrak{S} + \mathfrak{C})} \right]. \end{cases}$$

Der Winkel β' des Auftriebs gegen die y-Achse gehorcht mit dem gegebenen Winkel

$$\beta = \text{arc tg } \frac{v_{y(-\infty)}}{v_{x(-\infty)}}$$

zusammen der Bedingung

$$(35) \qquad \text{ctg } \beta' = \frac{v'_{x\,\infty}}{v'_{y\,\infty}}$$

$$= \frac{[S(a_1\,C + a_2\,S) + a_2\,\mathfrak{S}\,(\mathfrak{S} + \mathfrak{C})]\,\text{ctg}\,\beta - a_1\,(S^2 + \mathfrak{S}^2)}{a_1\,S\,C + a_2\,\mathfrak{S}\,\mathfrak{C}},$$

und die Bestimmungsgleichung für die Spaltungspunkte z_1 lautet nach (20)

$$(36) \qquad \text{tg } \frac{\pi z_1}{a_1 + i\,a_2} = \frac{B^2 - A^2}{B^2 + A^2}\,\text{tg B}.$$

Verlegt man für einen Augenblick den Ursprung des Koordinatensystems nach der Vorderkante $z' = v\,(a_1 + i\,a_2) - b$ und bezeichnet im neuen System mit $\zeta_1 = \xi_1 + i\,\eta_1$ den zugehörigen Spaltungspunkt z_1, so ist

$$\zeta_1 = -\,v\,(a_1 + i\,a_2) + b + z_1$$

und somit an Stelle von (36) auch

$$(37) \qquad \text{tg }\pi\,\frac{\xi_1 + i\,\eta_1}{a_1 + i\,a_2} = \frac{B^2 \sin 2\,\text{B}}{A^2 + B^2 \cos 2\,\text{B}}.$$

Es handelt sich nun nur noch darum, ein Bild über die Gestalt der Kontur zu gewinnen. Diese muß, da an der Hinterkante die Geschwindigkeit in die x-Richtung fällt, jedenfalls dort eine zur x-Achse parallele Tangente besitzen. Ein weiterer Anhalt ergibt sich, wenn es gelingt, die Lage des auf der Kontur liegenden Spaltungspunktes ζ_1 zu ermitteln. Zunächst zeigt (37), daß in dem praktisch wichtigsten Falle kleiner Anstellwinkel β, also bei kleinen Werten $v_{y(-\infty)}$, mit der nach (30) zu $v_{y(-\infty)}$ proportionalen Konstanten B auch ζ_1 sehr klein bleibt: der Spaltungspunkt liegt nahe der Vorderkante. Ist insbesondere beispielsweise $a_1 = a_2 = 2\,b$, so wird nach (23)

$$S = C = 0{,}707$$

$$\mathfrak{S} = 0{,}869, \quad \mathfrak{C} = 1{,}325;$$

ferner ist $\sin 2\,\text{B}$ reell und dann nach (30)

$$B = (-\,0{,}645 + i\,.\,0{,}134)\,v_{y(-\infty)},$$

so daß man statt (37) angenähert hat

$$\xi_1 + i\eta_1 = (1 + i)(0{,}398 - i \cdot 0{,}173)\,\frac{a_1}{\pi}\,\mathrm{tg}^2\,\beta\,\sin 2\,\mathrm{B}$$

$$= (0{,}571 + i \cdot 0{,}225)\,\frac{a_1}{\pi}\,\mathrm{tg}^2\,\beta\,\sin 2\,\mathrm{B}.$$

Aus diesen Koordinaten des Spaltungspunktes geht schon mit ziemlicher Sicherheit hervor, daß die Kontur von der Art der Fig. 62 sein wird, die mit Hilfe von (22) genau berechnet ist und deren Ordinaten für den Stoßwinkel $\beta = 6^0$ der Deutlichkeit halber zehnfach vergrößert sind. Man wird aus Gründen der Stetigkeit mit der Vermutung nicht fehlgehen, daß auch im allgemeinen Falle, wo die Zahlen a_1, a_2 und $2\,b$ zwar verschiedene, aber doch einander einigermaßen benachbarte Werte haben, die Kontur eine kleine Wölbung nach oben aufweist, im übrigen aber für geringe Stoßwinkel von der Geraden kaum sich unterscheidet.

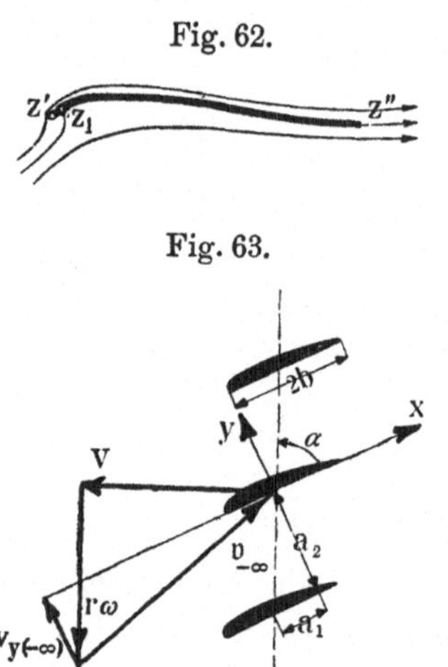

Fig. 62.

Fig. 63.

Die Übertragung auf die Theorie der Propeller, deren Querschnitte sich in der Tat dem Profil Fig. 62 gut anzunähern pflegen, ist vollends einfach. Man hat die Stärke (33) der Zirkulation lediglich in die Schub- und Momentformeln § 9 (3) und (4), S. 48 einzuführen. Die in c vorkommenden Konstanten a_1, a_2 und $v_{y(-\infty)}$ hängen mit den Fahrtkonstanten V, ω, sowie mit der Flügelzahl n und dem Steigungswinkel α des Flügels im Axialabstand r nach Fig. 63 folgendermaßen zusammen

$$a_1 = \frac{2\,r\,\pi\,\cos\alpha}{n} \qquad a_2 = \frac{2\,r\,\pi\,\sin\alpha}{n}$$

$$v_{y(-\infty)} = r\,\omega\,\sin\alpha - V\,\cos\alpha.$$

Für einen vorgelegten Propeller, dessen Flügelbreite und -steigung als Funktionen des Axialabstandes bekannt sind, können die erforderlichen zwei Integrationen zwar zahlenmäßig höchst umständlich sein, theoretisch sind sie aber hiermit als erledigt anzusehen. Vergleicht man die Ergebnisse mit der Wirklichkeit,

so zeigt es sich, ebenso wie bei der quadratischen und der rechteckigen Platte (§ 12, 2, S. 62), daß die berechneten Kräfte zu groß
ausfallen. Der Fehler, der natürlich durch die endliche Flügellänge entsteht, läßt sich durch die Hinzufügung eines von der
Flügellänge abhängigen Faktors $\varkappa < 1$ beseitigen, der von den
deutlich zu beobachtenden, an der Nabe und an den Flügelenden
sich loslösenden Wirbelzöpfen [25]) herrührt, zu dessen theoretischer
Ermittelung bisher jedoch kaum die Ansätze vorhanden sind.

Das im gegenwärtigen Paragraphen angewandte heuristische
Prinzip kann übrigens mit Vorteil zur Gewinnung vieler anderer
Gitterströmungen benutzt werden. Außerdem sei hier noch auf
die von H. Blasius [5]) für turbinentheoretische Zwecke behandelten
Gitter hingewiesen.

Dritter Abschnitt.

Der Mechanismus der Zirkulation.

§ 17. Das System der abgelösten Wirbel.

1. Die in den vorangegangenen beiden Abschnitten entwickelte Theorie gibt die Auftriebskräfte und die Strombilder für die wichtigsten Typen von Flügelquerschnitten unter der Voraussetzung an, daß das Medium, das gegen die Kontur angeblasen wird oder durch das sich die Kontur bewegt, vollständig reibungslos sei, eine Voraussetzung, die in Wirklichkeit durchaus nicht erfüllt ist, die man aber häufig zu machen gezwungen wird, da die Differentialgleichungen der Bewegung zäher Flüssigkeiten der Integration selbst in ganz einfachen Fällen ungemeine Schwierigkeiten entgegenstellen. Es liegen indessen Gründe vor zu der Annahme, daß die Reibung sich wesentlich nur in der unmittelbarsten Nähe der Kontur bemerklich macht, in der sogenannten Grenzschicht, die denn auch Gegenstand genauerer Untersuchungen[23]) geworden ist, — daß dagegen in merklicher Entfernung von der Kontur die Luft sich fast genau wie eine ideale, d. h. reibungslose Flüssigkeit verhält, so daß es nicht verwunderlich ist, wenn sich die auf die Eulersche Bewegungsgleichung § 1 (2) gestützte Dynamik solcher idealen Strömungen mit der Wirklichkeit in vielen Fällen auch quantitativ in bester Übereinstimmung befindet.

Was sich in der Grenzschicht vollzieht, ist zwar kinematisch wichtig, dynamisch jedoch nicht von Bedeutung. Während nämlich bei der idealen Strömung ein Haften der Luft an der Kontur nicht eintritt, hat man sich vorzustellen, daß tatsächlich in der bei mäßigen (S. 66) Geschwindigkeiten ziemlich dünnen Grenzschicht die Geschwindigkeit von dem der idealen Flüssigkeit entsprechenden Betrage infolge der inneren Flüssigkeitsreibung kontinuierlich bis zum Wert Null am ruhenden Körper abnimmt.

Die Reibung muß dort recht erheblich sein, da wegen der unmittelbaren Nachbarschaft stagnierender und fließender Schichten gerade dort der Gradient der Geschwindigkeit bedeutende Beträge erreichen wird, während er außerhalb der Grenzschicht praktisch so klein bleibt, daß die mit ihm proportionale Reibungskraft weiterhin vernachlässigbar ist. Für die freie Strömung außerhalb der Grenzschicht bleiben die Impulsgesetze der idealen Strömung somit nahezu erhalten, und die Grenzschicht selbst, die den Druck der freien Strömung unverändert auf die Kontur überträgt, spielt demnach dynamisch lediglich die nebensächliche Rolle, daß sie dem Körper als gleichsam mitgeführte träge Masse zugerechnet werden muß.

Um so mehr ist dagegen ihre kinematische Bedeutung ausschlaggebend: In der Grenzschicht ist die Ursache für die Entstehung und Unterhaltung der den Körper umkreisenden Zirkulation zu suchen. Die Verzögerung nämlich, die die Luftteilchen innerhalb der Grenzschicht durch die Reibung erfahren, kann an solchen Stellen, wo eine sich auch der Grenzschicht mitteilende Erhöhung des hydrodynamischen Druckes der freien Strömung eintritt, so stark gesteigert werden, daß in der innersten Schicht unmittelbar am Körper sogar Bewegungsumkehr, also Rückströmung statthat. Dieser Rückstrom schiebt sich dort zwischen den Körper und die vorwärtsströmenden Teile der Grenzschicht ein und bringt diese leicht zur Ablösung, namentlich, wo die Kontur eine Kante besitzt. Die freie Strömung nimmt die sich ablösende Grenzschicht mit, und da diese selbst wieder aus aneinander vorbeigleitenden Schichten zusammengesetzt ist, so verhält sie sich in der freien Strömung wie eine Wirbelschicht. Wie man weiß, sind solche Wirbelschichten nicht stabil; sie lösen sich vielmehr bei der geringsten Störung in eine Reihe diskreter Wirbelfäden auf [22]), deren stabile Anordnung mannigfach untersucht worden ist [16]).

Hier interessiert uns zunächst nur die Zirkulation, die durch eine solche Wirbelreihe weggeführt oder also gewissermaßen der freien Strömung fortwährend von der Grenzschicht übermittelt wird. Da kein Grund dafür vorhanden ist, daß sich die gesamte Zirkulation der freien Strömung, gemessen auf einer die Kontur und alle Wirbel umschlingenden Kurve und ursprünglich vom Betrage Null, ändert, so wird, wie zuerst L. Prandtl [11]) bemerkt hat, die Zirkulation der abgelösten Wirbel ihr Äquivalent in einer allmählich entstehenden Zirkulation um die Kontur finden, deren Drehsinn dem der Wirbel entgegengesetzt ist, und die sich unablässig vergrößern müßte, würde sie nicht fortwährend selber wieder in der Grenzschicht abgebremst, so daß man schließlich einen nahezu stationären Endzustand zu erwarten hat, in dem eine nahezu konstante Zirkulation um die Grenzschicht kreist, von der sich unablässig isolierte Wirbel ablösen (vgl. Fig. 1). Da sich allerdings diese Wirbel periodisch bilden, so muß, streng genommen, auch die Zirkulation und mit ihr der Auftrieb pul-

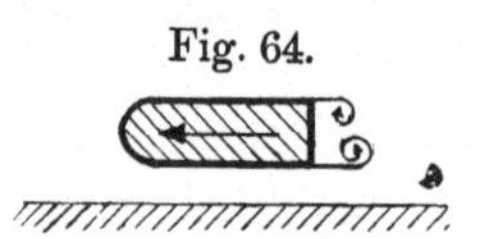

Fig. 64.

satorischen Charakter besitzen, so daß unsere Formeln lediglich Mittelwerte angeben.

Damit ist nicht nur die Möglichkeit des Entstehens einer Zirkulation erklärt, es folgt daraus auch, daß nur solche Konturen einen Auftrieb erfahren, also als Tragflächenprofile zu benützen sind, die zu einer Strömung Veranlassung geben, deren ursprüngliche, zirkulationslose Druckverteilung derartige Rückströme in der Grenzschicht hervorruft, daß ein Wirbelsystem abgelöst wird, dessen Zirkulation von Null verschieden und, bei einem Fluge von rechts nach links, im Gegenzeigersinne positiv ist.

Von vornherein sind demnach symmetrische Konturen ausgeschlossen, die parallel zu ihrer Symmetrieachse im allseitig ausgebreiteten Raume bewegt werden; denn die gesamte Zirkulation sich etwa ablösender, aber immer paarweise auftretender Wirbelreihen verschwindet hier. Ist allerdings eine Wand benachbart (Fig. 64), so kann auch bei solchen Konturen die Symmetrie der Wirbel stark gestört sein, und überdies ist in diesem Falle noch die gegenseitige Wirkung zwischen der Kontur und ihrem Spiegelbilde zu berücksichtigen (vgl. § 6, 2, S. 36).

2. Prüfen wir nun unsere Profile daraufhin nach, welche Wirbelablösung zu gewärtigen ist, so finden wir zunächst bei der schief angeblasenen ebenen Fläche, solange noch keine Zirkulation vorhanden ist, die Geschwindigkeitsverteilung entlang dem Querschnitt aus § 12 (8), S. 58 mit $A = 0$, nämlich

$$v = v_{x\infty} \mp v_{y\infty} \frac{x}{\sqrt{b^2 - x^2}}.$$

Die beiden Spaltungspunkte haben die Abszissen $x_1 = -b\cos\beta$ und $x_2 = +b\cos\beta$. Die Absolutwerte von v sind in Fig. 65 über den beiden Plattenseiten aufgetragen, der Deutlichkeit halber für $\beta = 45^0$. Auf der ganzen Unterseite wird die Luft beschleunigt, auf der Oberseite verzögert. Die Verzögerung ist sehr stark hinter der Vorderkante A, geradezu heftig aber wegen der Nachbarschaft des Staupunktes x_2 bei der Hinterkante B.

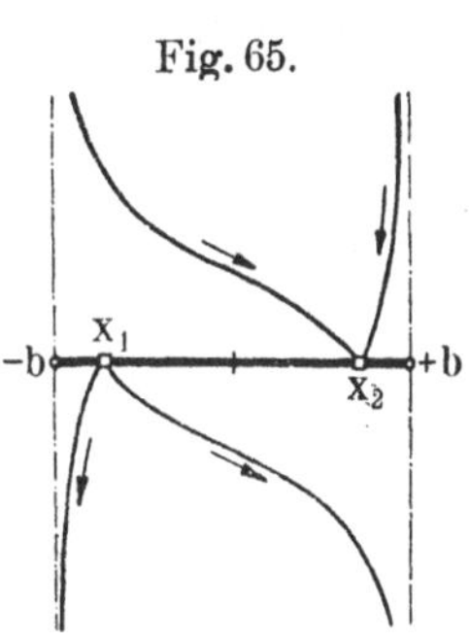
Fig. 65.

Es werden sich somit Wirbel mit positiver Zirkulation über der Vorderkante und solche mit noch stärkerer negativer Zirkulation an der Hinterkante ablösen, Fig. 66. So ist die Entstehung einer die Kontur positiv umkreisenden Zirkulation zu erwarten, indem die bei x_2 sich loslösende Grenzschicht zugleich den Spaltungspunkt x_2 mehr und mehr nach der Hinterkante hinzieht, so daß das Strombild, abgesehen vom Wirbel A, die in Fig. 38, S. 59 gezeichnete Gestalt angenommen hat, sobald der Wirbel B hinreichend weit von der Strömung fortgetragen ist.

Die Gefahr der Bildung eines Wirbels bei A erweist sich als ein Nachteil der geradlinigen Kontur; denn seine Eigenzirkulation muß die Zirkulation um die Kontur notwendig schwächen.

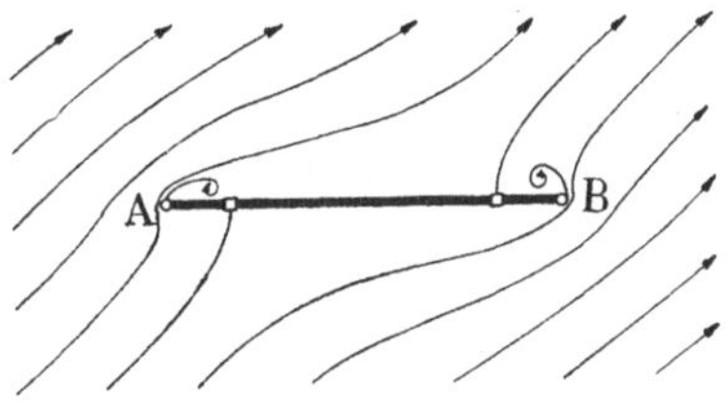

Eine Möglichkeit, diesen Wirbel A auszuschalten, gibt die Geschwindigkeitsformel § 13 (4), S. 70 der gebogenen Kontur an die Hand. Damit nämlich die Geschwindigkeit der translatorischen Strömung für sich

Fig. 66.

$$v = \frac{Z^2\left[v_\infty (Z - if)^2 - \bar{v}_\infty (f^2 + b^2)\right]}{(Z^2 - b^2)(Z - if)^2}$$

an der Vorderkante, d. h. für $Z = -b$, endlich bleibt, der Zähler daselbst also verschwindet, genügt es, wie man leicht ausrechnet, das Wölbungsverhältnis

$$(1) \qquad \sigma = \frac{f}{b} = \operatorname{tg}\beta$$

zu wählen. In diesem Falle rückt der vordere Spaltungspunkt in die Vorderkante (Fig. 67), so daß dort wesentliche Verzögerungen, die zur Wirbelablösung führen könnten, vermieden sind, während nach wie vor bei B die Geschwindigkeit stark abstürzt. Abgesehen von sonstigen Vorzügen (§ 13) liegt hierin der Grund dafür, daß die gewölbte Tragfläche der ebenen vorzuziehen ist.

Zugleich wird ersichtlich, daß die Abrundung der Vorderkante, die schon zur möglichsten Erhaltung der Saugkraft nützlich ist, sich auch deswegen empfiehlt, weil so die mit scharfen Kanten besonders innig verbundene Gefahr der Wirbelablösung sich verringert.

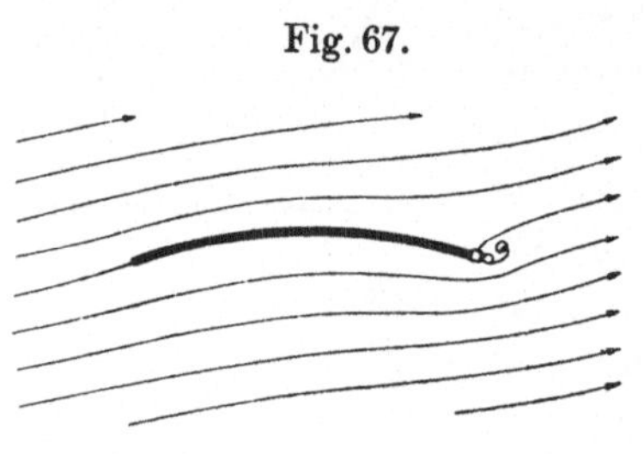

Fig. 67.

Vergrößert man das Wölbungsverhältnis über den Betrag $\operatorname{tg}\beta$ hinaus, so rückt der vordere Spaltungspunkt der translatorischen Strömung auf die Oberseite (Fig. 68), womit dann die Möglichkeit einer Wirbelung mit negativer Zirkulation sowohl an der Hinter- wie an der Vorderkante gegeben ist. So erklärt sich die günstige Wirkung stark vornübergeneigter Vorderkanten, wie sie bei guten Tragflächen häufig angewandt werden. Freilich darf nicht verschwiegen bleiben, daß die Profilgebung außerdem auch durch die Gebote der Stabilität des Flugzeuges, die uns hier nicht beschäftigen kann, stark beeinflußt wird.

Endlich leuchtet ein, daß man die Oberseite zur Vermeidung von Wirbeln mit notwendig positivem Drehsinn möglichst glatt zu gestalten hat, eine Tatsache, die an jedem Vogelflügel auffällt. Die Unterseite darf sehr wohl eine gewisse Rauhigkeit besitzen, da diese das Entstehen der Zirkulation begünstigen kann [8]).

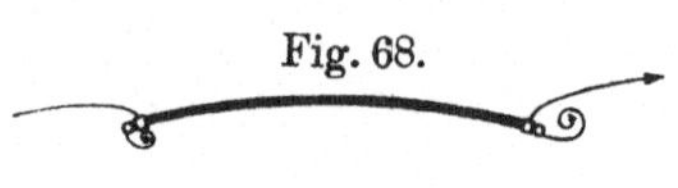

Fig. 68.

3. Wir haben in allen unseren Rechnungen die Wirbelbildung als vollzogen und die Wirbel als ins Unendliche abgerückt angesehen. Es mag wenigstens für den Fall der geradlinigen Kontur (§ 12, **1**) diskutiert werden, wie der Auftrieb sich verhält, solange ein Wirbel noch im Endlichen liegend festgehalten gedacht ist. Die Strömung um die zugehörige Kreiskontur $R\,(= b)$ setzt sich nach § 11 (3), S. 54 aus der translatorischen Strömung

$$V_{\mathrm{I}} = V_\infty - \frac{\overline{V}_\infty\, b^2}{Z^2}$$

und nach § 3 (15) und (16), S. 22 bis 23 aus zwei isolierten Wirbeln zusammen, von denen der eine in dem Punkt $Z = a\,(> b)$ der positiven X-Achse liegen mag, wonach der andere an der Stelle $Z = b^2/a$ sich befindet und mit dem ersten zusammen die Geschwindigkeit

$$V_{\mathrm{II}} = i\,\Lambda \left(\frac{1}{Z - \dfrac{b^2}{a}} - \frac{1}{Z - a} \right)$$

$$= -\,i\,\Lambda\, \frac{a^2 - b^2}{(Z - a)(a\,Z - b^2)}$$

erzeugt, so daß

$$V = V_\infty - \frac{\overline{V}_\infty\, b^2}{Z^2} - i\,\Lambda\, \frac{a^2 - b^2}{(Z - a)(a\,Z - b^2)}$$

die Geschwindigkeitsfunktion um die Kreiskontur, also nach § 12 (5) und (6), S. 57

$$(2) \qquad v = \frac{Z^2}{Z^2 - b^2}\left[v_\infty - \frac{\overline{v}_\infty\, b^2}{Z^2} - 2\,i\,\Lambda\, \frac{a^2 - b^2}{(Z - a)(a\,Z - b^2)} \right]$$

die um die gerade Kontur, Fig. 34, für den gewählten Augenblick darstellt. Mit $a = \infty$ geht (2), wie vorauszusehen war, in § 12 (7) über. Der Wirbel liegt auf der x-Achse und hat nach § 12 (3) die Abszisse

$$z' = \frac{a^2 + b^2}{2\,a} > b.$$

Durch einfache Entwickelungen stellt man die für $|Z| > a$ gültige Fundamentalreihe her, die mit

$$v = v_\infty - \frac{2\,i}{Z^2}\left(b^2\, v_{y\infty} + \frac{a^2 - b^2}{a}\,\Lambda \right) + \cdots$$

beginnt, woraus hervorgeht, daß das Gesamtsystem aus Kontur und Wirbel keinen Auftrieb erfährt.

Andererseits berechnet sich die Kraftdichte auf den Wirbel allein, wenn wir von dessen fortschreitender Bewegung absehen, nach der Blasiusschen Formel § 3 (8), S. 18 zu

$$(3) \qquad P' = \frac{\varrho}{2} \oint^{z'} v^2\, dz,$$

wobei das Integral auf einem sehr kleinen Kreis um den Wirbelpunkt z' im Uhrzeigersinn herumgeführt werden soll. Nach dem hierauf sinngemäß angewandten Residuensatze § 4 (9), S. 26 haben wir v^2 in eine Reihe nach Potenzen von $z - z'$ zu entwickeln und den Koeffizienten von $(z - z')^{-1}$ aufzusuchen. Bequemer ist es, zuvor (3) in die Veränderliche Z umzuschreiben

$$P' = \frac{\varrho}{2} \oint^{a} v^2 \cdot \frac{Z^2 - b^2}{2\,Z^2}\, d\,Z$$

und dann nach Potenzen von $\zeta = Z - a$ zu entwickeln. Führt man die Ausdrücke

$$Z = a\left(1 + \frac{\zeta}{a}\right)$$

$$Z^2 - b^2 = (a^2 - b^2)\left(1 + \frac{\zeta}{a + b}\right)\left(1 + \frac{\zeta}{a - b}\right)$$

$$a\,Z - b^2 = (a^2 - b^2)\left(1 + \frac{a\,\zeta}{a^2 - b^2}\right)$$

der Reihe nach ein, so findet man den gesuchten Koeffizienten nach kurzer Zwischenrechnung; er ist gleich

$$- 2\,i\,\varLambda\left[v_{x\infty} - \frac{a^2 + b^2}{a^2 - b^2}\left(v_{y\infty} - \frac{2\,\varLambda\,a}{a^2 - b^2}\right)\right].$$

Multipliziert man ihn mit $- \pi\,\varrho\,i$, so kommt die Kraftdichte

$$(4) \qquad P' = - 2\,\pi\,\varrho\,\varLambda\left[v_{x\infty} - \frac{a^2 + b^2}{a^2 - b^2}\left(v_{y\infty} - \frac{2\,\varLambda\,a}{a^2 - b^2}\right)\right].$$

Nun wird man auch hier, falls nur der Wirbel schon weit genug fortgewandert, d. h. a groß genug geworden ist, annehmen dürfen, daß sich an der Hinterkante der Kontur bereits glatter Abfluß ausgebildet hat; dies erfordert nach (2), daß die noch unbestimmte Konstante $\varLambda$ die Größe

$$\varLambda = b\,\frac{a - b}{a + b}\,v_{y\infty}$$

annimmt, womit sich schließlich die Komponenten der mit P' entgegengesetzt gleichen Auftriebsdichte der Kontur selbst zu

$$(5) \qquad \begin{cases} P''_x = - 2\,\pi\,\varrho\,b\,\dfrac{(a - b)^2\,(a^2 + b^2)}{(a + b)^4}\,v_{y\infty}^2 \\[2ex] P''_y = 2\,\pi\,\varrho\,b\,\dfrac{a - b}{a + b}\,v_{x\infty}\,v_{y\infty} \end{cases}$$

finden, die sich, je weiter der Wirbel in das Unendliche weg-
wandert, d. h. je größer der Quotient a/b wird, um so genauer dem
früheren Werte P von § 12 (13), S. 60 annähern (Fig. 69).

Da nun allerdings tatsächlich ein solcher festgehaltener
Wirbel nicht vorhanden ist, so hat die Rechnung und das Ergebnis nur den Sinn einer asymptotischen Näherung: die Strömung (2) kann nur dann als stationär, der Wirbel also als fest-
liegend angesehen werden, wenn entweder $a - b$ noch sehr klein
ist (d. h. unmittelbar nach Ablösung des Wirbels, solange dieser
noch keine wesentliche Geschwindigkeit gegenüber der Kontur hat)
oder wenn a sehr groß ist, d. h. wenn der Wirbel als „ins Unendliche abgewandert" gegen-
über seinem Abstand von
der Kontur ebenfalls keine
nennenswerte Geschwindig-
keit besitzt. In der Tat ist
im ersten Augenblick nach
der Ablösung des ersten
Wirbels noch kein Auftrieb
zu erwarten, und dieser wird
seinen vollen Betrag erst
mit dem Abwandern der
Wirbel in unendliche Ent-
fernung erreicht haben.

Da sich in Wirklich-
keit stets Wirbel hinter der
Kontur in endlicher Entfernung befinden, die man sich etwa durch
einen einzigen festgehaltenen ersetzt denken mag, so ist zu vermuten,
daß die Saugkraft stark geschwächt, der errechnete Druckauftrieb
dagegen wenigstens nahezu erreicht wird. Das besagt, daß die der
Theorie zugrunde gelegte Annahme glatten Abflusses an der Hinterkante praktisch nicht ganz erfüllt ist[2]). Trotzdem ist die Übereinstimmung zwischen Rechnung und Versuch befriedigend, vorausgesetzt, daß man Platten verwendet, die hinreichend lang sind,
und daß man bei kleinen Anstellwinkeln, etwa $\beta < 8^{\circ}$, bleibt.
Für größere Anstellwinkel allerdings ist von tangentialem Abfließen
an der Hinterkante auch nicht im entferntesten mehr die Rede,
wodurch die Zirkulation bedeutend herabgedrückt wird, ohne daß
sich hierüber hydrodynamisch bislang ein Gesetz ergeben hätte.

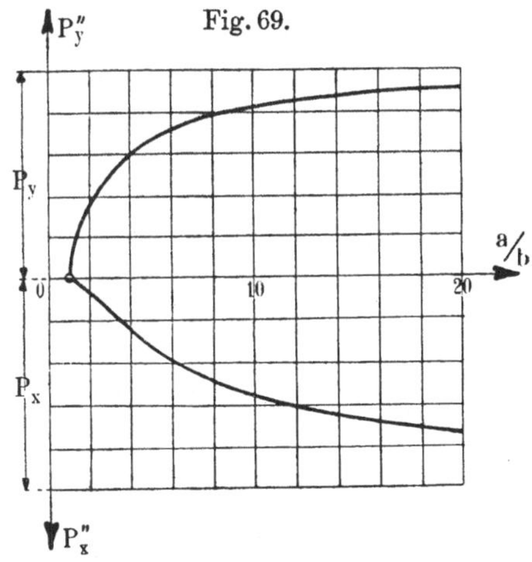

4. Wir ziehen noch eine wichtige Folgerung für die Energie-
bilanz. Die ursprünglichen Auftriebskräfte lagen jedesmal senkrecht zur Richtung der tatsächlichen Bewegung ($-\mathfrak{v}_\infty$) der Kontur.
Das besagt: **Bei der Bewegung ist keine Arbeit zu leisten.**

Um dieses paradoxe, jeder Erfahrung zuwiderlaufende Ergebnis zu berichtigen, genügt es durchaus nicht, den Widerstand
W_1 der Oberflächenreibung als bisher vernachlässigte Größe in
Rechnung zu setzen; dieser macht sich im Gegenteil bei gut ge-
bauten Tragflächen nur sehr sekundär bemerklich; die Grenz-
schichtentheorie hat mit Erfolg versucht, seine Größe zu ermitteln,
und sie bei nicht zu kleinen Anstellwinkeln als belanglos festgestellt.

Abgesehen hiervon wäre der Flug tatsächlich nur dann ein
arbeitsloser Vorgang, wenn die Wirbelbildung abgeschlossen wäre
und die Wirbel in unbegrenzte Entfernung abgewandert wären.
In Wirklichkeit ist dies nicht der Fall; vielmehr führen die unablässig neu entstehenden Wirbel ununterbrochen mit Bewegungsimpuls begabte Luft mit sich nach hinten fort. Dem entspricht
nach dem Impulsgesetz der Mechanik eine entgegengesetzt gerichtete Kraft auf die Kontur, die sich als arbeitsverzehrender sogenannter **Form-** oder **Stirnwiderstand** W_2 beim Fluge geltend
macht. Erst von hier aus leuchtet es ein, wie ungemein wichtig
für die Ökonomie des Fliegens die richtige Gestaltung des Trag-
flächenprofils ist, auch wenn man von der Größe des Auftriebes
ganz absieht. So ist es z. B. möglich, den Formwiderstand eines
Körpers durch geeignete Verjüngung nach hinten etwa auf den
dreißigsten Teil desjenigen einer normal zu ihrer Ebene bewegten,
aus dem größten Querschnitt des Körpers hergestellten Scheibe
herabzudrücken.

Die Theorie zeigt hier bisher noch Lücken. Zwar ist von
L. Föppl[9]) wenigstens für eine Kreiskontur die Ablösung eines
symmetrischen Wirbelpaares verfolgt worden, neuerdings von H. Rubach[17]) auch für andere Konturen, während Th. v. Kármán[16]) aus
der Konfiguration der abgelösten Wirbelreihen für symmetrische und
parallel zur Symmetrieachse bewegte Profile die Größe der Wider-
standskraft W_2 zu berechnen vermochte; aber noch fehlt der
theoretische Zusammenhang zwischen dem Ablösungsvorgang und
der stabilen Anordnung der Wirbelsysteme; und für die unsym-
metrischen Konturen, mit denen es die Flugtechnik stets zu tun

hat, gibt es bislang kaum die Ansätze der Rechnung. Es handelt sich, kurz gesagt, darum, die Lage und Stärke der isolierten Wirbelpunkte für ein vorgelegtes Profil als Funktionen der Zeit anzugeben.

Wir fassen die vorläufige Erkenntnis dahin zusammen:

Die beim Fluge aufzuwendende Arbeit wird nicht gegen die Auftriebskräfte geleistet, sondern, abgesehen von der geringfügigen Hautreibung, dazu verbraucht, die aus der Grenzschicht losgelösten Wirbel in das Unendliche wegzuführen.

Wenn allerdings durch zu geringe Abrundung der Vorderkante die Saugkraft $|\mathfrak{S}| = |\mathfrak{P}|\sin\beta$ daselbst mehr oder weniger vollständig vernichtet wird, so muß noch eine dritte Widerstandskraft W_3 in Erwägung gezogen werden, über deren Größe sich ebenfalls Angaben nur schwer machen lassen. Man ist genötigt, die Summe

$$(6) \qquad W_0 = W_1 + W_2 + W_3$$

der Bestimmung durch den Versuch zu überweisen. Einzig ein viertes Glied, das der rechten Seite noch zuzufügen ist, zeigt sich der Berechnung zugänglich, wie jetzt noch zu erörtern übrig bleibt.

§ 18. Das System der begleitenden Wirbel.

1. Während die Untersuchung der parallel zur Hinterkante abgestoßenen Wirbel vor allem dazu dienen würde, die ganze Zirkulationstheorie strenger zu begründen, so ist schließlich an den Auftriebsformeln selbst noch eine wiederholt genannte Korrektur anzubringen, die davon herrührt, daß die Tragfläche in Wirklichkeit eine endliche Länge senkrecht zur z-Ebene besitzt, daß also die Strömung eigentlich nicht als völlig zweidimensional angesehen werden darf.

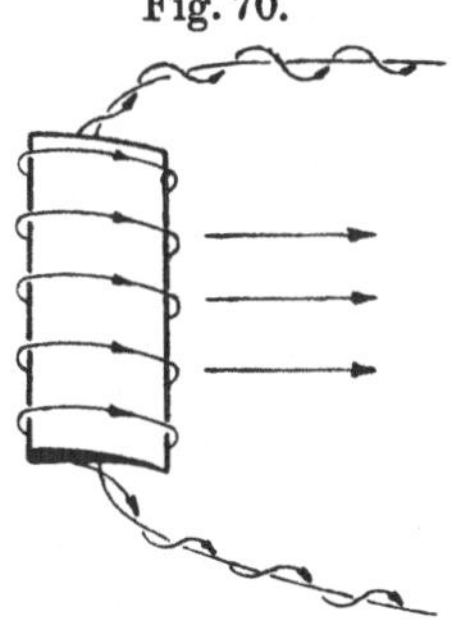

Fig. 70.

Zunächst ist einleuchtend, daß an den Flügelenden die zirkulatorische Strömung beiderseits ihre Fortsetzung je in einem Wirbelzopfe finden muß, von dem man früher annahm [8)][21)], daß er aus der Längsrichtung der Tragfläche allmählich umbiegend sich schließlich wie ein Doppelschweif hinter dem Flugzeug herzöge (Fig. 70). Eine derartige Fortsetzung der Zirkulation ist schon deswegen nötig, damit nach wie vor dem Raume sein einfacher Zusammenhang genommen wird (§ 2, 1, S. 9). Das Wirbelpaar wird in größerer Entfernung hinter der Fläche teils durch die innere Reibung der Luft, teils durch den Anschluß an die von der Hinterkante abgelösten, entgegengesetzt kreisenden Fäden

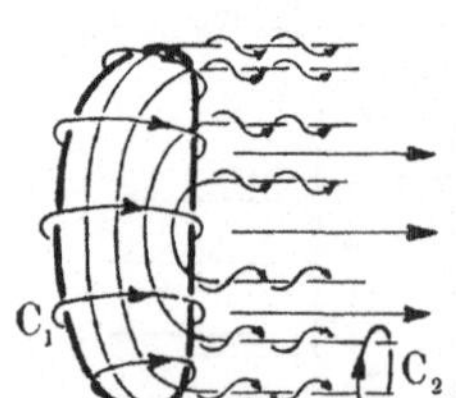

Fig. 71.

allmählich geschwächt oder erreicht gelegentlich wohl auch die Erdoberfläche oder sonstige Wände.

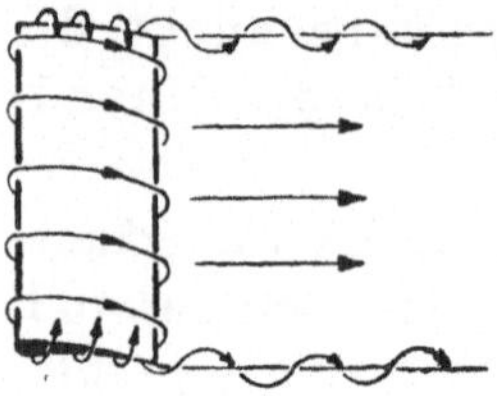

Man stellt sich neuerdings auf Grund von Beobachtungen vor, daß der Mechanismus dieser begleitenden Wirbelzöpfe besser durch Fig. 71 wiedergegeben wird [25]. An den Flügelenden muß nämlich infolge der ursprünglichen Druckdifferenz zu beiden Seiten der Fläche (vgl. Fig. 39, S. 61) ein Umströmen der Endkanten von unten nach oben eintreten. An der Stelle stärkster Verzögerung, also vermutlich unmittelbar nach dem Umfließen der Kante, wird die Grenzschicht dann wieder eine Wirbelung ablösen, die von der Hauptströmung v sofort nach hinten mitgerissen wird, wobei die Stärke τ dieser Wirbel theoretisch mit der Zirkulation c übereinstimmen muß, vorausgesetzt, daß mit der Auftriebsdichte $|P|$ auch die Zirkulation über den ganzen Flügel hin konstant ist.

Verteilt sich jedoch der Auftrieb nicht gleichmäßig, so wird jede Verringerung $-dc$ der Zirkulation ihr Äquivalent finden in einem von der Hinterkante daselbst abgespalteten Wirbelfaden von der Stärke

Fig. 72.

$$(1) \qquad d\tau = -dc,$$

so daß in diesem Falle statt der beiden Zöpfe eine ganze Wirbelfläche den Flug der Platte begleitet (Fig. 72). Zur Begründung der Gleichung (1) braucht nur gesagt zu werden, daß die Zirkulation, gemessen auf der Kurve C_1, ebenso groß sein muß wie die Gesamtstärke der von C_2 umschlungenen Wirbelfäden, da die beiden Kurven, ohne Wirbel zu überschreiten, ineinander deformiert werden können, wonach auch die Integrale $\int v\,d\tau$ identische Werte besitzen (§ 2, 2, S. 12).

Die begleitenden Wirbelfäden werden an der Stelle des Flügels einen abwärts gerichteten Luftstrom erzeugen, der die

Tragfähigkeit zweifellos vermindert, und es ist von vornherein sicher, daß die Verminderung verhältnismäßig um so merkbarer sein wird, je kleiner die Länge $2l$ der Fläche gewählt ist. Man verdankt diese Erkenntnis L. Prandtl[24]), auf dessen Veranlassung auch verschiedene Einzelfälle rechnerisch genauer verfolgt worden sind [1]) [30]).

2. Um die Geschwindigkeitsverteilung um einen unendlich dünnen Wirbelfaden von irgendwelcher Gestalt festzustellen, mag man sich entsinnen, daß nach § 1 (8), S. 6 jedes quellenfreie Stromfeld ein Vektorpotential $\mathfrak{a}$ besitzt. Sei nun irgendeine geschlossene singularitätenfreie Kurve C_0 vorgelegt, deren Wegelemente mit $d\mathfrak{r}_0$ bezeichnet werden sollen, und sei $\mathfrak{r}$ der vom Orte $d\mathfrak{r}_0$ nach einem beliebigen Punkte außerhalb der Kurve, dem sogenannten Aufpunkt hin gezogene Fahrstrahl von der Länge r und τ eine Konstante, so legen wir uns die Frage vor, welches Stromfeld durch das Vektorpotential

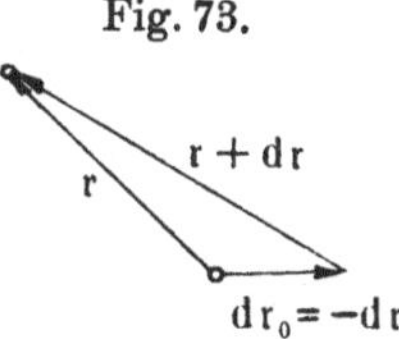
Fig. 73.

$$(2) \qquad \mathfrak{a} = \frac{\tau}{4\pi} \oint^{C_0} \frac{d\mathfrak{r}_0}{r}$$

dargestellt wird.

Nach Anh. XIII ist, wenn sich die Differentialoperationen auf den Aufpunkt beziehen,

$$(3) \qquad \nabla^2 \mathfrak{a} = \frac{\tau}{4\pi} \oint^{C_0} d\mathfrak{r}_0 \nabla^2 \frac{1}{r} = 0,$$

d. h. der Ausdruck (2) für das Vektorpotential $\mathfrak{a}$ gehorcht in der Tat, wie es sein soll, der Laplaceschen Gleichung § 1 (10). Aber auch die dort geforderte Nebenbedingung § 1 (9) ist erfüllt. Denn es wird nach Anh. VII und wegen $d\mathfrak{r}_0 = -d\mathfrak{r}$ (Fig. 73)

$$(4) \qquad \operatorname{div} \mathfrak{a} = \frac{\tau}{4\pi} \oint^{C_0} d\mathfrak{r}_0 \operatorname{grad} \cdot \frac{1}{r} = \frac{\tau}{4\pi} \oint^{C_0} \frac{\mathfrak{r}\,d\mathfrak{r}}{r^3}$$

$$= \frac{\tau}{8\pi} \oint^{C_0} \frac{d(r^2)}{r^3} = -\frac{\tau}{4\pi} \oint^{C_0} d\left(\frac{1}{r}\right) = 0,$$

da C_0 eine geschlossene Kurve sein soll.

Die Geschwindigkeit im Aufpunkt ist nach § 1 (8)

$$(5) \qquad \mathfrak{v} = \mathrm{rot}\, \mathfrak{a} = -\frac{\tau}{4\pi} \oint^{C_0} [d\mathfrak{r}_0 \,\mathrm{grad}]\, \frac{1}{r} = \frac{\tau}{4\pi} \oint^{C_0} \frac{[d\mathfrak{r}_0\, \mathfrak{r}]}{r^3},$$

und nach Anh. XIV wird wegen (3) und (4)

$$\mathrm{rot}\,\mathfrak{v} = \mathrm{rot}\,\mathrm{rot}\,\mathfrak{a} = 0,$$

d. h. die Geschwindigkeit ist wirbelfrei.

Um festzustellen, ob sie eine von Null verschiedene Zirkulation enthält, lassen wir den Aufpunkt wandern, bilden also das Integral

$$(6) \qquad c = \oint \mathfrak{v}\, d\mathfrak{r}_1 = \frac{\tau}{4\pi} \oint^{C_1} \oint^{C_0} \frac{d\mathfrak{r}_1\, [d\mathfrak{r}_0\, \mathfrak{r}]}{r^3}$$

über eine zweite geschlossene Kurve C_1, die mit C_0 keinen Punkt gemeinsam haben darf, da sonst mit $r = 0$ die rechte Seite divergent wäre. Zufolge einer in § 2, **2** begründeten, auch im Raume gültigen Regel darf man die Kurve C_1 beliebig defor-

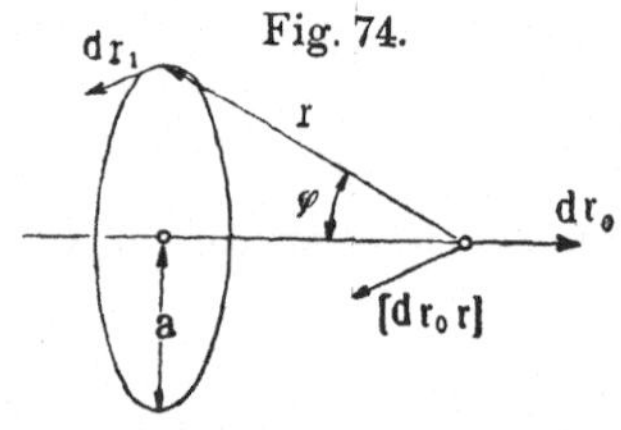

mieren, wenn man unablässig $r > 0$ hält. Läßt sich dabei C_1 auf einen Punkt zusammenziehen, so wird $c = 0$, d. h. die Strömung (5) kann höchstens eine Zirkulation um die Kurve C_0 besitzen. Dies ist tatsächlich auch der Fall.

Um die Stärke der Zirkulation c zu ermitteln, verbiegen wir die Kurve C_1 zunächst in einen Kreis von beliebig kleinem Radius a in der Normalebene irgendeines Punktes von C_0. Vergrößern wir dann den Maßstab der Zeichnung beliebig stark, wobei der Radius a klein bleiben soll, so wird die Kurve C_0 in der Umgebung dieses Punktes sich von einer Geraden beliebig wenig unterscheiden, und die weit entfernt liegenden Elemente $d\mathfrak{r}_0$ werden auf den Wert des Integrals (6) wegen des Faktors $1/r^2$ von verschwindender Wirkung sein. Daraus folgt, daß c lediglich vom Parameter τ, nicht aber von der Gestalt der Kurve C_0 abhängt, so daß wir seinen Wert aus einer geraden Linie C_0 allgemein berechnen können. Dann aber ist nach Fig. 74, wenn der Umlaufssinn von C_1 mit $d\mathfrak{r}_0$ eine Rechtsschraube bildet, wegen $|\mathfrak{r}_0| = a\,\mathrm{ctg}\,\varphi$ (man wähle die Mitte von C_1 zum Bezugspunkt des Fahrstrahls $\mathfrak{r}_0$)

$$c = \frac{\tau}{4\pi} \oint^{C_1} \oint^{C_0} |d\mathfrak{r}_1| \, |d\mathfrak{r}_0| \frac{\sin\varphi}{r^2} = \frac{\tau\,a}{2} \oint^{C_0} |d\mathfrak{r}_0| \frac{\sin\varphi}{r^2} = -\frac{\tau}{2} \int_\pi^0 \sin\varphi \, d\varphi$$

oder

$$(7) \qquad\qquad c = \tau,$$

d. h. τ ist die Zirkulation der Strömung (5), die sich, da die Geschwindigkeit nur in den Punkten von C_0 selbst über alle Grenzen wächst, als das Stromfeld eines Wirbelfadens C_0 von der Stärke τ ausweist, der bezüglich $d\mathfrak{r}_0$ im Sinne einer Rechtsschraube umkreist wird.

Die Formel (5) erlaubt anzugeben, wie groß der Geschwindigkeitsanteil an irgendeiner Stelle des Raumes ist, soweit er von einem beliebigen Stück eines solchen Fadens herrührt. So entsendet insbesondere das gerade Teilstück $A\,B$ eines Wirbels nach einem durch die Parameter a, φ_0, φ_1 (Fig. 75) bestimmten Punkt O eine zur Ebene $A\,B\,O$ normale Geschwindigkeit vom Betrage

$$(8) \quad |\mathfrak{v}| = \frac{\tau}{4\pi\,a}(\cos\varphi_0 + \cos\varphi_1),$$

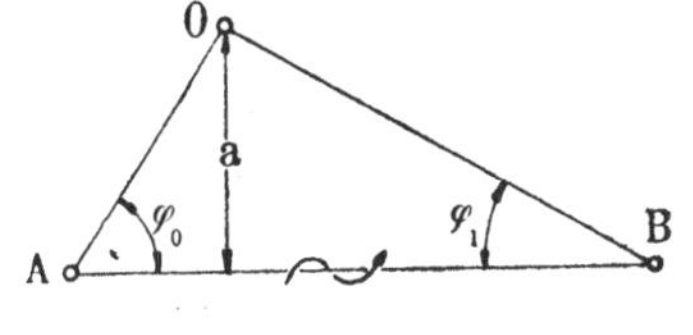

der, wenn A und B auseinander und in das Unendliche rücken, mit $\varphi_0 = \varphi_1 = 0$ in den Wert § 5 (1) eines unendlich langen Fadens übergeht, womit der Anschluß an den früher definierten Begriff eines isolierten Wirbels gesichert ist.

Die Formel (8) gilt es nun auf die begleitenden Wirbel der Tragflächen anzuwenden *).

3. Die Zirkulation c um die Flügelquerschnitte des Eindeckers $A\,B$ (Fig. 76) mag als Funktion der von der Mitte nach dem Flügelende A hin gerechneten Abszisse x bekannt sein. Dann ist

$$d\tau = -\frac{dc}{dx}\,dx$$

die Stärke desjenigen Wirbelzopfes, der als Bestandteil der begleitenden Wirbelfläche von der Hinterkante des Querschnittes x ausgeht und an der Stelle x_0 nach (8) eine abwärts gerichtete Ge-

---

*) Die Gedanken des Abschnittes 3 entstammen brieflichen Mitteilungen von Herrn Prof. Prandtl; sie werden hier mit seiner Einwilligung erstmalig veröffentlicht.

schwindigkeit vom Betrage

$$d\,w\,(x_0) = \frac{d\,\tau}{4\,\pi\,(x - x_0)} = -\frac{1}{4\,\pi}\,\frac{d\,c}{d\,x}\,\frac{d\,x}{x - x_0}$$

erzeugt. Durch Integration über alle Wirbelfäden kommt

$$(9) \qquad w\,(x_0) = -\frac{1}{4\,\pi}\,\lim_{\varepsilon = 0}\left(\int_{-l}^{x_0 - \varepsilon}\frac{d\,c}{d\,x}\,\frac{d\,x}{x - x_0} + \int_{x_0 + \varepsilon}^{l}\frac{d\,c}{d\,x}\,\frac{d\,x}{x - x_0}\right)$$

die an der Stelle x_0 hervorgerufene Geschwindigkeit, abwärts positiv gerechnet, mit der man als gutem Mittelwert für den ganzen Querschnitt x_0 um so eher rechnen darf, je schmaler die Fläche F, d. h. je kleiner ihr sogenanntes Seitenverhältnis

$$(10) \qquad\qquad \lambda = \frac{b_0}{l} = \frac{F}{4\,l^2}$$

aus mittlerer Breite (Flächentiefe) $2\,b_0$ und Länge (Spannweite) $2\,l$ ist.

Die gegen diesen Querschnitt ursprünglich horizontal mit der Geschwindigkeit v angeblasene Luft strömt nun schräg abwärts unter dem praktisch kleinen Winkel gegen die Horizontale

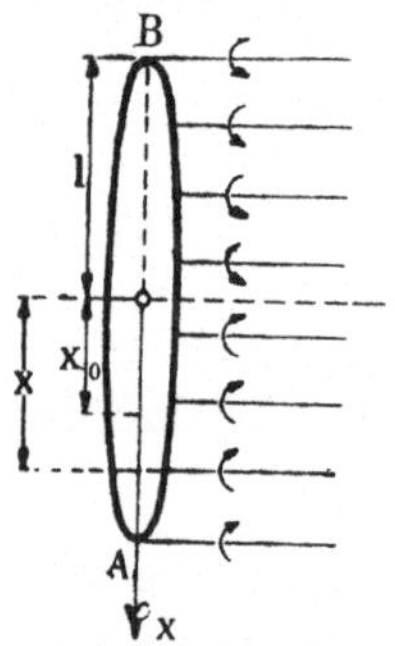

Fig. 76.

$$(11) \qquad\qquad \triangle\,\beta \approx \mathrm{tg}\,\triangle\,\beta = \frac{w}{v};$$

um ebensoviel ist der Anstellwinkel β scheinbar kleiner geworden, wogegen von der Änderung des Betrages der Geschwindigkeit abgesehen werden kann, da w den fünfzigsten Teil von v nicht zu überschreiten pflegt.

Die Auftriebsdichte läßt sich nun stets in der Form

$$(12) \qquad\qquad |P| = 2\,\varrho\,b\,v^2\,\zeta_0$$

darstellen, wo ζ_0 eine Funktion des Anstellwinkels β und der Gestalt der Kontur ist und beispielsweise für die ebene Platte nach § 12 (13), S. 60 durch

$$(13) \qquad\qquad \zeta_0 = \pi\,\beta,$$

für die gewölbte nach § 13 (9), S. 73 durch

$$(14) \qquad\qquad \zeta_0 = \pi\,(\beta + \sigma)$$

gegeben wird, falls wir, wie weiterhin stets, $\sin\beta \approx \beta$, $\cos\beta \approx 1$ setzen, was innerhalb der Grenzen $|\beta| < 8^0$ einen Fehler von weniger als einem Hundertstel verursacht. Man pflegt die Zahl

$$(15) \qquad \zeta_0^A = \frac{2}{F} \int\limits_{-l}^{+l} b\,\zeta_0\,dx$$

die Auftriebsziffer für das Seitenverhältnis $\lambda = 0$ zu nennen; sie stimmt mit der Ziffer ζ_0 überein, falls diese über den ganzen Flügel konstant ist, also z. B. für ebene Platten oder für gewölbte von konstantem Wölbungsverhältnis σ und parallelbleibender Sehne aller Querschnitte.

Durch die Verkleinerung des Anstellwinkels wird die Auftriebsdichte an der Stelle x_0 verändert um

$$(16) \qquad \varDelta |P| = -2\,\varrho\,b\,v^2 \frac{\partial \zeta_0}{\partial \beta}\, \varDelta\beta = -2\,\varrho\,b\,v\,w\,\frac{\partial \zeta_0}{\partial \beta},$$

der Gesamtauftrieb, der ursprünglich

$$(17) \qquad A_0 = \int\limits_{-l}^{+l} |P|\,dx = \varrho\,F\,v^2\,\zeta_0^A$$

betrug, mithin um

$$(18) \qquad \varDelta A = \int\limits_{-l}^{+l} \varDelta|P|\,dx_0 = -2\,\varrho\,v \int\limits_{-l}^{+l} b\,w\,\frac{\partial \zeta_0}{\partial \beta}\,dx_0,$$

so daß er nunmehr die Größe

$$(19) \qquad A_\lambda = \varrho\,F\,v^2\,\zeta_\lambda^A$$

besitzt, wo ζ_λ^A die Auftriebsziffer für das Seitenverhältnis λ bedeutet. Somit gibt der Faktor

$$(20) \qquad \varkappa = \frac{A_\lambda}{A_0} = \frac{\zeta_\lambda^A}{\zeta_0^A} = 1 - \frac{2}{F v \zeta_0^A} \int\limits_{-l}^{+l} b\,w\,\frac{\partial \zeta_0}{\partial \beta}\,dx_0$$

an, in welchem Verhältnis der Auftrieb durch die begleitende Wirbelfläche verkleinert ist.

Nehmen wir beispielsweise an, daß sich die Auftriebsdichte $|P|$ über die Platte nach einem elliptischen Gesetz

$$|P| = \frac{|P_m|}{l}\sqrt{l^2 - x^2}$$

verteile (Fig. 77), wobei Gesamtauftrieb und Auftriebsdichte $|P_m|$ des Mittelquerschnitts durch

$$A_\lambda = \frac{\pi}{2}\, l\, |P_m|$$

zusammenhängen, so wird

$$c = \frac{|P|}{\varrho\, v} = \frac{|P_m|}{\varrho\, v\, l}\,\sqrt{l^2 - x^2},$$

so daß man für (9) bekommt:

$$w(x_0) = \frac{|P_m|}{4\,\pi\,\varrho\, v\, l}\lim_{\varepsilon=0}\left(\int_{-l}^{x_0-\varepsilon}\frac{x\,dx}{(x-x_0)\sqrt{l^2-x^2}} + \int_{x_0+\varepsilon}^{l}\frac{x\,dx}{(x-x_0)\sqrt{l^2-x^2}}\right).$$

Das Integral ergibt, unbestimmt ausgewertet,

$$\int\frac{x\,dx}{(x-x_0)\sqrt{l^2-x^2}} = \int\frac{dx}{\sqrt{l^2-x^2}} + x_0\int\frac{dx}{(x-x_0)\sqrt{l^2-x^2}}$$

$$= \arcsin\frac{x}{l} + \frac{x_0}{\sqrt{l^2-x_0^2}}\,\lg\mathrm{nat}\,\frac{l^2 - x\,x_0 - \sqrt{l^2-x_0^2}\,\sqrt{l^2-x^2}}{l\,(x-x_0)}.$$

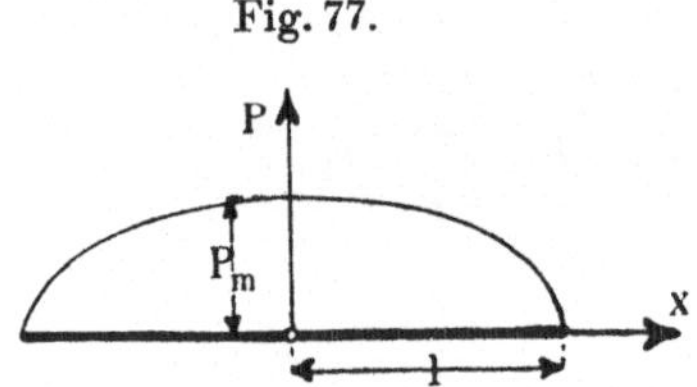

Fig. 77.

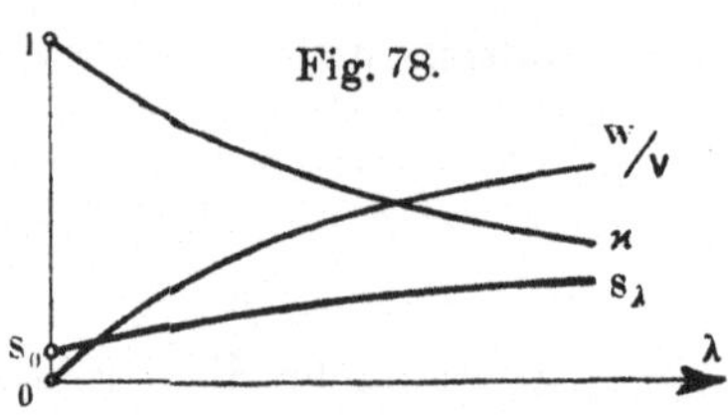

Fig. 78.

Setzt man die Grenzen ein, so hebt sich mit $\varepsilon = 0$ das zweite Glied fort und es bleibt einfach π. Mithin wird

$$(21)\qquad w(x_0) = \frac{|P_m|}{4\,\varrho\, v\, l} = \frac{A_\lambda}{2\,\pi\,\varrho\, v\, l^2},$$

d. h. **konstant über die ganze Plattenlänge.**

Macht man die Voraussetzung, daß auch $\partial\zeta_0/\partial\beta$ oder ζ_0' sich mit x nicht ändere, so hat man statt (20) nach (10), (19) und (21):

$$\varkappa = 1 - \frac{2}{\pi}\,\zeta_0'\,\lambda\,\varkappa$$

oder

$$(22)\qquad \varkappa = \frac{1}{1 + \dfrac{2}{\pi}\,\zeta_0'\,\lambda},$$

einer hyperbolischen Abhängigkeit zwischen $\varkappa$ und λ entsprechend (Fig. 78), die auch zahlenmäßig in befriedigendem Einklang mit der Erfahrung steht.

Vermittels (22) läßt sich der Quotient w/v auf die Form bringen:

$$(23) \qquad \frac{w}{v} = \frac{2\,\zeta_0^A\,\lambda}{\pi + 2\,\zeta_0'\,\lambda},$$

ebenfalls eine hyperbolische Abhängigkeit von λ darstellend (Fig. 78; der Deutlichkeit halber sind die w/v-Werte mit etwa zehnfach vergrößerter Ordinate eingezeichnet). Übrigens hat sich gezeigt, daß die ursprüngliche Formel (21) auch für andere als elliptische Auftriebsverteilung noch angenäherte Gültigkeit behält.

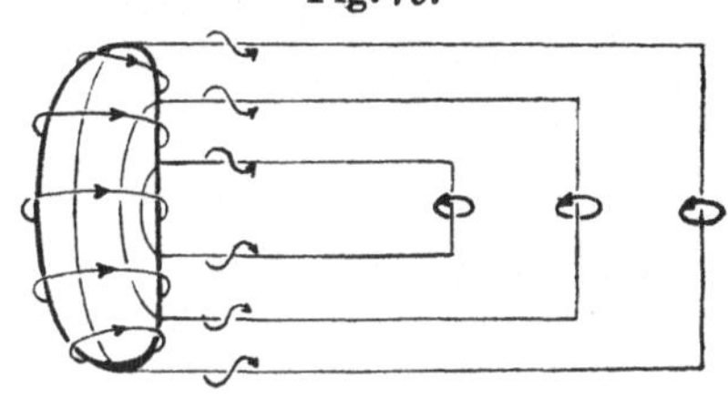

Fig. 79.

Sind die einzelnen Querschnitte x_0 entweder gerade Strecken oder Kreisbögen vom Wölbungsverhältnis σ, so erfordert unsere Voraussetzung, daß das Produkt $b\beta$ bzw. $b(\beta + \sigma)$ elliptisch über die Plattenlänge verteilt ist, wonach dann mit $\zeta_0' = \pi$

$$\varkappa = \frac{1}{1 + 2\,\lambda}$$

wird und nach (15):

$$\frac{w}{v} = \frac{2\,\lambda}{1 + 2\,\lambda}\,\frac{2}{F}\int\limits_{-l}^{+l} b\,(\beta + \sigma)\,dx,$$

also beispielsweise für einen elliptisch geformten Flügel von konstantem Anstellwinkel β und konstantem σ:

$$\frac{w}{v} = \frac{2\,\lambda\,(\beta + \sigma)}{1 + 2\,\lambda},$$

dagegen für einen rechteckigen Flügel mit elliptischer Verteilung von $\beta + \sigma$ und dem Wert $(\beta + \sigma)_m$ am Mittelquerschnitt:

$$\frac{w}{v} = \frac{\pi}{4} \cdot \frac{2\,\lambda\,(\beta + \sigma)_m}{1 + 2\,\lambda}.$$

Vorausgesetzt ist hierbei wieder, daß die abgelösten Wirbel des ersten Systems (§ 17) in das Unendliche fortgerückt sind; andernfalls würden die begleitenden Wirbelfäden nicht bis in das Unendliche reichen (Fig. 79) und somit nach (8) die von ihnen erzeugte Zusatzgeschwindigkeit w verkleinert, der Faktor $\varkappa$ vergrößert, wodurch die auftriebsmindernde Wirkung (§ 17, **3.**) einigermaßen ausgeglichen würde.

Es ist jedenfalls erklärlich, daß insgesamt mit dem Faktor $\varkappa$ die Auftriebskräfte nunmehr von der Theorie quantitativ im wesentlichen richtig wiedergegeben werden. Von der Flächenform scheint $\varkappa$ nur wenig abhängig zu sein, so daß wir seine Größe weiterhin als durch (22) bekannt ansehen können.

Außer dem Betrag wird auch die Richtung des Auftriebs durch die Strömung w geändert, da sich die Tragfläche jetzt so verhält, als würde sie unter dem Winkel $\beta - \varDelta \beta$ angeblasen. Die Kraft A_λ läßt sich dann zerlegen in eine wirkliche Auftriebskomponente

$$(24) \qquad A'_\lambda = A_\lambda \cos \varDelta \beta \approx A_\lambda$$

und einen Widerstand

$$(25) \qquad W'_\lambda = A_\lambda \sin \varDelta \beta \approx A_\lambda \frac{w}{v} = \frac{A_\lambda^2}{2\,\pi\,\varrho\,v^2 l^2},$$

was tatsächlich wieder nicht nur für elliptische Verteilung des Auftriebs gilt. Dazu kommt der durch einige Widerstände zweiten Ranges vergrößerte Formwiderstand § 17 (6), den wir mit einer experimentell gegebenen Widerstandsziffer ζ_0^W für das Seitenverhältnis $\lambda = 0$

$$(26) \qquad W_0 = \varrho\,F\,v^2 \zeta_0^W$$

schreiben dürfen. Ist

$$(27) \qquad W_\lambda = \varrho\,F\,v^2 \zeta_\lambda^W$$

der Gesamtwiderstand, so ergibt sich die Widerstandsziffer für das Seitenverhältnis λ nach (10) und (19) zu

$$(28) \qquad \zeta_\lambda^W = \zeta_0^W + \frac{2}{\pi}\,\lambda\,\zeta_\lambda^{A^2} = \zeta_0^W + \frac{2}{\pi}\,\lambda\,\varkappa^2\,\zeta_0^{A^2}$$

und damit der **reziproke Gütegrad:**

$$(29) \qquad s_\lambda = \frac{W_\lambda}{A_\lambda} = \frac{\zeta_\lambda^W}{\zeta_\lambda^A} = \frac{s_0}{\varkappa} + \frac{2}{\pi}\,\lambda\varkappa\,\zeta_0^A,$$

dessen Anwachsen mit zunehmendem Seitenverhältnis (Fig. 78) vom Versuch ebenfalls bestätigt wird.

Insbesondere kommt wieder für elliptische Platten

$$\zeta_\lambda^W = \zeta_0^W + \frac{2\,\pi\,\lambda\,(\beta + \sigma)^2}{(1 + 2\,\lambda)^2}$$

$$s_\lambda = s_0\,(1 + 2\,\lambda) + \frac{2\,\lambda\,(\beta + \sigma)}{1 + 2\,\lambda}$$

und für rechteckige

$$\zeta_\lambda^W = \zeta_0^W + \frac{\pi^3\,\lambda\,(\beta + \sigma)_m^2}{8\,(1 + 2\,\lambda)^2}$$

$$s_\lambda = s_0\,(1 + 2\,\lambda) + \frac{\pi}{2}\,\frac{\lambda\,(\beta + \sigma)_m}{1 + 2\,\lambda}.$$

Die energetische Erklärung des Widerstandes W_λ' ist einleuchtend: er bildet das Äquivalent der von der begleitenden Wirbelfläche fortgeführten kinetischen Energie.

4. Es läge nahe, sich die Rechnung dadurch zu vereinfachen, daß man von der Wirbelfläche, Fig. 72, S. 114, zu der ursprünglichen Vorstellung zweier isolierter Wirbelzöpfe, Fig. 71, die von den Flügelenden ausgehen, zurückkehrte; das entspräche einer über die ganze Flügellänge konstanten Zirkulation und Auftriebsdichte. Man erkennt indessen schnell, daß die von diesen Zöpfen herrührende Geschwindigkeit

$$(30) \qquad\qquad w\,(x_0) = \frac{c}{2\,\pi}\,\frac{l}{l^2 - x_0^2}$$

an den Enden selbst über alle Grenzen wächst, so daß, obwohl die Kraft natürlich nach wie vor endlich bleibt, Schwierigkeiten entstünden, die namentlich darin begründet sind, daß es in der Nähe der Flügelenden nun keineswegs mehr angebracht wäre, den alle Grenzen überschreitenden Betrag von w dort noch als maßgebenden Mittelwert für die ganze Breite anzusehen.

Trotzdem ist die Vereinfachung der Wirbelfläche auf zwei Wirbelzöpfe dann recht gut brauchbar, wenn es sich darum handelt, ihren Einfluß nicht auf die eigene, sondern auf eine benachbarte Tragfläche festzustellen.

Sei etwa ein Doppeldecker von der in § 15 untersuchten Gestalt vorgelegt. Die Zirkulation c_1 um die obere Fläche wird durch dreierlei Ursachen gegenüber derjenigen um einen einzelnen unendlich langen Flügel vermindert: den Einfluß der unteren Fläche berücksichtigt nach § 15 (34), S. 93 der Faktor L, den der endlichen Länge der Faktor $\varkappa$ und den der unteren Wirbelzöpfe ein dritter, noch unbekannter Faktor $\varkappa_1$, so daß man unter folgerichtiger Vernachlässigung aller höheren Potenzen von β hat:

$$(31) \qquad c_1 = 2\,\pi\,b\,v\,\beta \,.\, \varkappa\varkappa_1\,\mathsf{L}$$

und ebenso für die untere Platte:

$$(32) \qquad c_2 = 2\,\pi\,b\,v\,\beta \,.\, \varkappa\varkappa_2\,\mathsf{L}.$$

An die Stelle x der oberen Tragfläche entsenden die unteren Zöpfe eine Strömung, deren vertikal abwärts gerichtete Komponente nach (8), S. 117 und Fig. 80 den Betrag

$$(33) \qquad w_1(x) = \frac{c_2}{8\,\pi\,h}\left(\sin\psi'\cos\psi' + \sin\psi''\cos\psi''\right)$$

besitzt, so daß der sogleich zu verwendende Mittelwert

$$(34) \qquad \overline{w}_1 = \frac{1}{2l}\int\limits_{-l}^{+l} w_1\,dx = \frac{c_2}{8\,\pi\,l}\,\mathrm{lgnat}\left(1 + \frac{l^2}{h^2}\right)$$

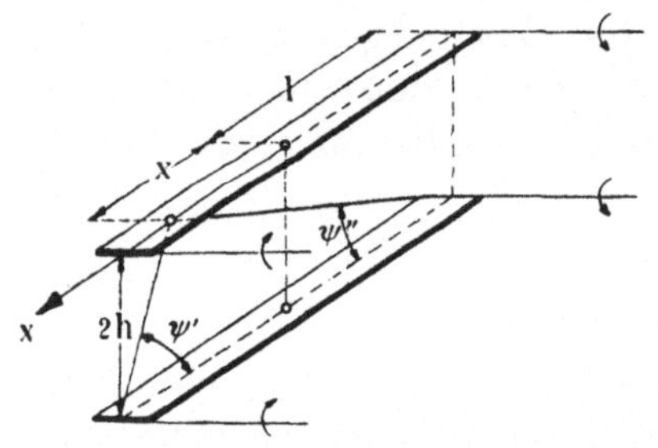

Fig. 80.

wird, wie eine kurze Zwischenrechnung zeigt.

Man begeht keinen großen Fehler, wenn man annimmt, daß durch die unteren Wirbelzöpfe der Anstellwinkel der oberen Platte im Mittel um $\overline{w}_1/v$ verkleinert wird, so daß man statt (31) auch schreiben kann:

$$(35) \qquad c_1 = 2\,\pi\,b\,v\,\varkappa\,\mathsf{L}\left[\beta - \frac{c_2}{8\,\pi\,v\,l}\,\mathrm{lgnat}\left(1 + \frac{l^2}{h^2}\right)\right]$$

und ebenso statt (32):

$$(36) \qquad c_2 = 2\,\pi\,b\,v\,\varkappa\,\mathsf{L}\left[\beta - \frac{c_1}{8\,\pi\,v\,l}\,\mathrm{lgnat}\left(1 + \frac{l^2}{h^2}\right)\right].$$

Aus diesem Gleichungspaar läßt sich c_1 und c_2 einzeln berechnen, und man findet durch Vergleichen mit (31) und (32) für die bisher noch unbekannten Faktoren $\varkappa_1$ und $\varkappa_2$ denselben Wert

$$(37) \qquad \varkappa_0 = \frac{1}{1+\delta},\ \text{wo}\ \delta = \frac{1}{4}\,\varkappa\,\lambda\,\mathsf{L}\,\mathrm{lgnat}\left(1 + \frac{l^2}{h^2}\right).$$

Die Auftriebsdichte des oberen Flügels kann nach § 15 (29), S. 92, wenn man die Saugkraft $\mathfrak{S}_1$ dabei vernachlässigt, in der

Zirkulation c_1 ausgedrückt werden

$$|P_1| = \varrho\, v\, c_1\left(1 + \beta_1\, \frac{\mathsf{L}'}{\mathsf{L}}\right),$$

wobei β_1 der korrigierte Anstellwinkel ist, dessen Größe sich aus (31) offenbar zu

$$(38) \qquad\qquad \beta_1 = \varkappa\varkappa_0\beta$$

ergibt. Der Auftrieb schließlich beträgt bei konstanter Flügelbreite, ausgedrückt in der Flügelfläche $F = 4\,b\,l$,

$$(39) \qquad A^{(1)} = \pi F \varrho\, v^2\varkappa\varkappa_0\,\beta\,(\mathsf{L} + \varkappa\varkappa_0\,\beta\,\mathsf{L}'),$$

und ebenso für die untere Fläche:

$$(40) \qquad A^{(2)} = \pi F \varrho\, v^2\varkappa\varkappa_0\,\beta\,(\mathsf{L} - \varkappa\varkappa_0\,\beta\,\mathsf{L}'),$$

also für den ganzen Doppeldecker:

$$(41) \qquad A = 2\pi F \varrho\, v^2\varkappa\varkappa_0\,\beta\,\mathsf{L}$$

in befriedigender Übereinstimmung mit den Messungen, die noch verbessert werden kann, wenn man die willkürliche Annahme, daß der Abstand der Wirbelzöpfe gleich der Flügellänge $2\,l$ sei, in der einen oder anderen Richtung, je nach der Gestaltung der Flügelenden, etwas variiert.

Wir unterdrücken die sehr einfache Berechnung des zusätzlichen Widerstandes W', der davon herrührt, daß die resultierende Auftriebskraft von der Vertikalen um den Winkel $\varDelta\beta + \varDelta'\beta$ rückwärts geneigt erscheint. Dabei ist

$$\varDelta'\beta = \frac{\overline{w}_1}{v} = \frac{\overline{w}_2}{v},$$

während $\varDelta\beta$, wie unter **3**, die endliche Länge der Platten berücksichtigt. Hieraus folgt ohne weiteres, daß der Gütegrad A/W eines Doppeldeckers immer kleiner als bei der einzelnen Fläche ausfallen muß.

Streng genommen käme noch eine weitere Korrektion der Auftriebsziffern hinzu, welche berücksichtigt, daß die von den Wirbelzöpfen ausgesandte Zusatzgeschwindigkeit w nicht über die ganze Breite ein und desselben Querschnittes x konstant, sondern an der Vorderkante offenbar kleiner als an der Hinterkante sein wird. Das hat zur Folge, daß die Strömung $v + w$ eine Krümmung nach unten besäße, falls die Tragfläche gar nicht vorhanden wäre; mit anderen Worten: das Wölbungsverhältnis der Platte wird dadurch scheinbar verkleinert. Auch diese in Anbetracht ihrer Geringfügigkeit hier übergangene Korrektion läßt sich, wenigstens für den Fall der durch zwei Wirbelzöpfe ersetzten Wirbelfläche, mit einfachen Mitteln berechnen [1]).

Mit geringen Abänderungen lassen sich die für den Doppeldecker angestellten Überlegungen auf den Fall übertragen, daß ein Eindecker in Erdnähe fliegt. Nach § 6, 2, S. 36 (Fig. 24) hat man ihn an der Erdoberfläche zu spiegeln und dann die umgekehrt rotierenden Wirbelzöpfe des Spiegelbildes zu berücksichtigen. Sie rufen am Eindecker eine Strömung aufwärts hervor, und zwar vom früheren Betrag (34), so daß man lediglich in (35) und (36) die negativen Zeichen gegen positive zu vertauschen hat. Dies gibt statt (37)

$$(42) \qquad \varkappa_0 = \frac{1}{1-\delta}.$$

Der Auftrieb ist nach § 6 (3), S. 36 angenähert

$$(43) \qquad A = 2\varrho l c v \left(1 - \frac{c}{4\pi h v}\right)$$

und läßt sich mit dem eines gleichen Eindeckers in Erdferne

$$(44) \qquad A' = 2\varrho l c' v$$

zufolge

$$(45) \qquad c = \varkappa_0 c'$$

vergleichen. Der Quotient

$$(46) \qquad \frac{A}{A'} = \varkappa_0 \left(1 - \frac{c}{4\pi h v}\right)$$

ist praktisch immer etwas größer als die Einheit. Allerdings besteht insofern noch eine Unsicherheit, als der in $\varkappa_0$ steckende Faktor L [vgl. (37)] von dem des Doppeldeckers verschieden ist. Dort drückte er aus, daß durch die Nachbarschaft einer gleichsinnigen Zirkulation die um die Platte selbst, gegenüber der Zirkulation um eine Einzelfläche, verkleinert wird. Da umgekehrt die ungleichsinnige Zirkulation um das Spiegelbild des Eindeckers dessen eigene Zirkulation offenbar vergrößert, so wird man, so lange es sich nur um eine Abschätzung handelt, nicht fehlgehen, wenn man annimmt, daß der Faktor L hier die Zahl Eins etwa um ebensoviel übersteigt, wie er beim Doppeldecker darunter blieb.

Beispielsweise findet man mit

$$c = 2\pi b v \beta \varkappa \varkappa_0 L$$

und den Zahlenwerten

$$b = h = 1 \qquad \varkappa = 0{,}8 \qquad \beta = 6^0 = \frac{1}{10}$$

$$l = 8 \qquad \mathsf{L} = 1{,}2$$

zunächst $\varkappa_0 = 1{,}15$ und schließlich

$$\frac{A}{A'} = 1{,}09.$$

Weiterhin mögen die beiden Tragflächen nicht über-, sondern hintereinander gestellt sein (Fig. 81). Die Zirkulationen um die vordere bzw. hintere Platte sind nach § 14 (29), (30), S. 83 mit vier Faktoren $\varkappa$, von denen $\varkappa'$ und $\varkappa''$ die end-lichen Flügellängen, $\varkappa_1$ und $\varkappa_2$ den gegen-seitigen Einfluß der Wirbelzöpfe berück-sichtigen,

Fig. 81.

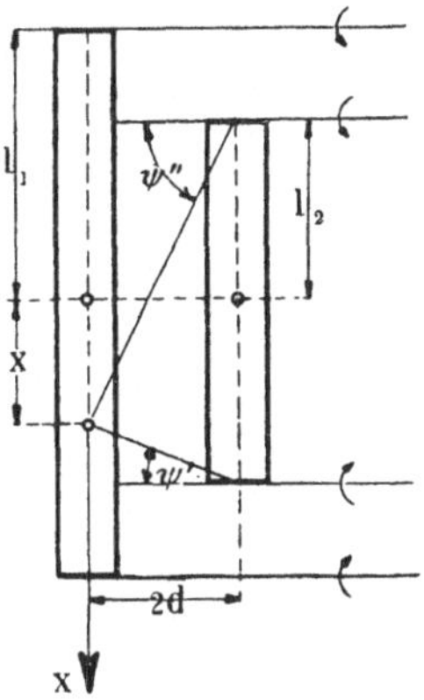

$$(47) \qquad c_1 = 2\pi b v \beta . \varkappa' \varkappa_1 (1 + \mathsf{D}),$$
$$(48) \qquad c_2 = 2\pi b v \beta . \varkappa'' \varkappa_2 (1 - \mathsf{D}),$$

wenn im Unterschied von § 14 mit $2b$ die gemeinsame Flügelbreite bezeichnet ist und vorausgesetzt wird, daß die Flügellängen $2l_1$ und $2l_2$ nur wenig verschieden sind.

An der Stelle x der Vorderfläche herrscht, von den Wirbelzöpfen der Hinter-fläche herrührend, die abwärts gerichtete Geschwindigkeit (Fig. 81)

$$w_1(x) = \frac{c_2}{8\pi d}\left(\frac{1 - \cos\psi'}{\operatorname{tg}\psi'} + \frac{1 - \cos\psi''}{\operatorname{tg}\psi''}\right)$$

mit dem Mittelwert

$$(49) \qquad \overline{w}_1 = \frac{c_2}{4\pi l_1}\operatorname{lgnat}\frac{1 - \operatorname{tg}^2\frac{\psi_1}{2}}{1 - \operatorname{tg}^2\frac{\psi_2}{2}}, \quad \text{wo} \quad \begin{cases} \operatorname{tg}\psi_1 = \dfrac{l_1 - l_2}{2d} \\[2mm] \operatorname{tg}\psi_2 = \dfrac{l_1 + l_2}{2d} \end{cases}.$$

Hiernach wird

$$(50) \qquad c_1 = 2\pi b v \varkappa' (1 + \mathsf{D})\left(\beta - \frac{c_2}{4\pi v l_1}\operatorname{lgnat}\frac{1 - \operatorname{tg}^2\frac{\psi_1}{2}}{1 - \operatorname{tg}^2\frac{\psi_2}{2}}\right).$$

Ebenso findet man

$$(51) \qquad \overline{w}_2 = \frac{c_1}{4\,\pi\,l_2}\; \text{lgnat}\; \frac{\text{tg}\,\psi_2\,\text{tg}\,\dfrac{\psi_2}{2}}{\text{tg}\,\psi_1\,\text{tg}\,\dfrac{\psi_1}{2}}$$

und

$$(52) \qquad c_2 = 2\,\pi\,b\,\nu\,\varkappa''\,(1-\mathrm{D})\left(\beta - \frac{c_1}{4\,\pi\,\nu\,l_2}\; \text{lgnat}\; \frac{\text{tg}\,\psi_2\,\text{tg}\,\dfrac{\psi_2}{2}}{\text{tg}\,\psi_1\,\text{tg}\,\dfrac{\psi_1}{2}}\right),$$

so daß eine kleine Zwischenrechnung die Faktoren

$$(53) \quad \left\{ \begin{aligned} \varkappa_1 &= \frac{1-\delta_1}{1-\delta_1\delta_2} \\ \varkappa_2 &= \frac{1-\delta_2}{1-\delta_1\delta_2} \end{aligned}\right\}, \;\; \text{wo} \;\; \left\{ \begin{aligned} \delta_1 &= \frac{1}{2}\,\lambda_1\,\varkappa''\,(1-\mathrm{D})\,\text{lgnat}\;\frac{1-\text{tg}^2\,\dfrac{\psi_1}{2}}{1-\text{tg}^2\,\dfrac{\psi_2}{2}} \\[2em] \delta_2 &= \frac{1}{2}\,\lambda_2\,\varkappa'\,(1+\mathrm{D})\,\text{lgnat}\;\frac{\text{tg}\,\psi_2\,\text{tg}\,\dfrac{\psi_2}{2}}{\text{tg}\,\psi_1\,\text{tg}\,\dfrac{\psi_1}{2}} \end{aligned}\right.$$

ergibt, wenn $\lambda_1 = \dfrac{b}{l_1}$ und $\lambda_2 = \dfrac{b}{l_2}$ die Seitenverhältnisse sind.

Die Auftriebe werden nach § 14 (15), (16), S. 81 angenähert

$$(54) \qquad A^{(1)} = \pi\,F_1\,\varrho\,v^2\,\varkappa'\,\varkappa_1\,\beta\,(1+\mathrm{D}),$$

$$(55) \qquad A^{(2)} = \pi\,F_2\,\varrho\,v^2\,\varkappa''\,\varkappa_2\,\beta\,(1-\mathrm{D}),$$

und es ist nicht überflüssig, hinzuzufügen, daß die Gültigkeit dieser Formeln an die Bedingung $l_2 < l_1$ geknüpft ist, da andernfalls das Integral für $\overline{w}_2$ divergiert, entsprechend der Tatsache, daß dann die Zöpfe der Vorderfläche über die Hinterfläche hinwegführen.

Die soeben behandelte Anordnung der Platten hat insofern ein praktisches Interesse, als sie den Einfluß einer Tragfläche auf eine dahinter liegende Stabilisierungs- oder Steuerfläche abzuschätzen gestattet und umgekehrt. Handelt es sich insbesondere um eine verhältnismäßig kleine Steuerfläche, so läßt die alsdann wichtige Frage nach ihrer nichttragenden und nichtsteuernden Nullage noch eine kürzere Beantwortung zu, die um so mehr angebracht erscheint, als nun die gegenseitige Beeinflussung der beiden Zirkulationen natürlich nicht mehr durch die in § 14 berechneten Faktoren $1 \pm D$ ausgedrückt werden darf. Da die Strömung hinter dem Tragflügel nicht horizontal, sondern etwas abwärts geneigt sein wird, so muß die Steuerfläche, wenn sie in die Richtung der Stromlinien eingestellt und damit wirkungslos sein soll, mit ihrer Vorderkante um den Winkel $\varDelta \alpha$ nach oben gedreht sein, der sich aus zwei Teilen zusammensetzt, die von der Zirkulation und von den Wirbelzöpfen der Tragfläche herrühren; diese werde als eben vorausgesetzt.

Die Geschwindigkeit der zyklischen Strömung ist nach § 12 (10), S. 59 in der Entfernung a von der Flügelmitte (Fig. 82), wenn man die mit der Zirkulation proportionale Komponente $v_{y\infty}$ zuvor mit $\varkappa$ multipliziert, gegeben durch die komplexe Zahl

Fig. 82.

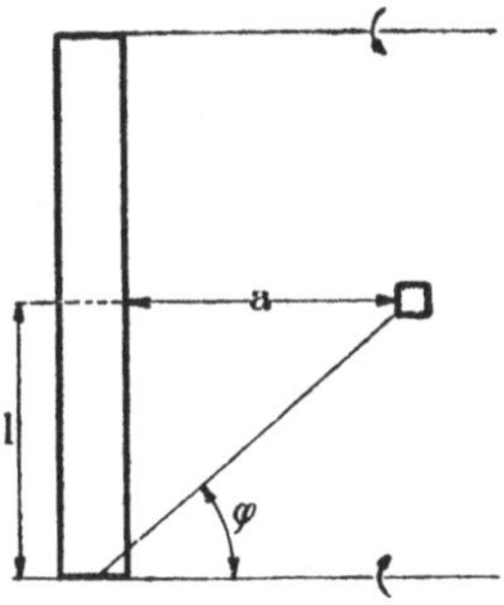

$$v = v_{x\infty} - i\varkappa v_{y\infty} \sqrt{\frac{a-b}{a+b}},$$

woraus sich der erste Teil des Korrektionswinkels $\varDelta \alpha$ zu

$$(56) \qquad \varDelta \alpha_1 \approx \beta - \frac{v_y}{v_x} = \beta\left(1 - \varkappa \sqrt{\frac{a-b}{a+b}}\right)$$

berechnet.

Ferner ist die von den Wirbelzöpfen am Orte der Steuerfläche hervorgerufene Vertikalgeschwindigkeit nach (8) S. 117

$$w = \frac{c}{4\pi l}(1 + \cos \varphi) = \frac{c}{4\pi l}\left(1 + \frac{a}{\sqrt{l^2 + a^2}}\right),$$

also mit $c = 2\pi b \mathsf{v} \varkappa \beta$ die zweite Korrektion

$$(57) \qquad \varDelta \alpha_2 \approx \frac{w}{\mathsf{v}} = \frac{1}{2}\varkappa \lambda \beta\left(1 + \frac{a}{\sqrt{l^2 + a^2}}\right).$$

Die Nullage der Steuerfläche ist somit gegen den Horizont um

$$(58) \quad \varDelta \alpha = \varDelta \alpha_1 + \varDelta \alpha_2 = \beta\left[1 - \varkappa \sqrt{\frac{a-b}{a+b}} + \frac{1}{2}\varkappa \lambda\left(1 + \frac{a}{\sqrt{l^2 + a^2}}\right)\right]$$

geneigt.

Zum Schluß mag noch der Fall behandelt werden, daß die beiden Tragflächen nebeneinander liegen (Fig. 83), entsprechend etwa zwei nebeneinander fliegenden Eindeckern. Der Einfachheit halber sollen sie als gleich lang und gleich breit vorausgesetzt werden. Die Zirkulationen sind beide

$$(59) \qquad c = 2\pi b \, v \varkappa \varkappa_0 \, \beta,$$

wo $\varkappa_0$ noch zu bestimmen ist.

An der Stelle x herrscht infolge der Wirbelzöpfe der anderen Fläche die Geschwindigkeit, die wir diesmal positiv nach oben rechnen,

$$w = \frac{c}{4\pi}\left(\frac{1}{2d - l - x} - \frac{1}{2d + l - x}\right)$$

mit dem Mittelwert

$$(60) \qquad \bar{w} = \frac{c}{8\pi l}\,\mathrm{lgnat}\,\frac{d^2}{d^2 - l^2}, \qquad\qquad (d > l)$$

so daß die Zirkulation auch

$$c = 2\pi b \, v \varkappa \left(\beta + \frac{c}{8\pi v l}\,\mathrm{lgnat}\,\frac{d^2}{d^2 - l^2}\right)$$

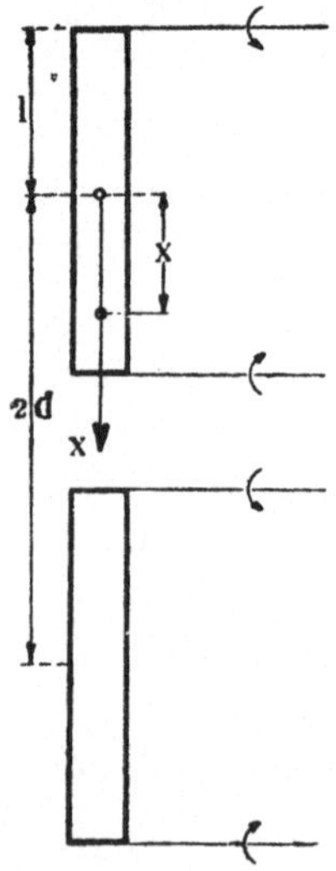

geschrieben werden kann. Der Vergleich mit (59) zeigt, daß

$$(61) \qquad \varkappa_0 = \frac{1}{1 - \dfrac{1}{4}\,\varkappa \lambda\,\mathrm{lgnat}\,\dfrac{d^2}{d^2 - l^2}}$$

ist. Jede Fläche erfährt mithin den Auftrieb

$$(62) \qquad A = \pi F \varrho\, v^2 \varkappa \varkappa_0 \, \beta,$$

der wegen $\varkappa_0 > 1$ den der Einzelfläche übertrifft.

Ganz ähnlich bleibt die Rechnung und das Ergebnis, wenn die eine Platte gegenüber der anderen überdies noch nach vorne verschoben wird [30]).

Wir haben bisher eine Tatsache stillschweigend übergangen, die noch der Erwähnung bedarf. Jeder Wirbelzopf bringt auch am Orte der übrigen Zöpfe eine Zusatzgeschwindigkeit hervor, so daß die Wirbelachsen in Wirklichkeit wandern und demnach nicht genau mit den von den Flügelenden ausgehenden, in die Flugrichtung fallenden, horizontalen rückwärtigen Halbstrahlen zusammenstimmen.

Fig. 83.

So werden sich beim Doppeldecker die oberen Zöpfe etwas konvergent, die unteren etwas divergent abwärts biegen; bei der Anordnung Fig. 81 die hinteren sicher abwärts, die vorderen ab- oder aufwärts, je nach den Abmessungen; bei der Anordnung Fig. 83 die beiden äußeren abwärts, die beiden inneren ab- oder aufwärts, je nachdem

$$\frac{1}{d} + \frac{1}{l} - \frac{1}{d-l} \gtrless 0$$

ist. Da die Zusatzgeschwindigkeit w indessen gegenüber der Fluggeschwindigkeit v praktisch immer recht klein bleibt, so hat der begangene Fehler im Hinblick auf die sonstigen Unsicherheiten in den ermittelten Korrektionsfaktoren nicht eben viel zu bedeuten.

Anhang.

Vektoranalytische Rechenregeln.

Das skalare Produkt zweier Vektoren $\mathfrak{a} = (a_x,\, a_y,\, a_z)$ und $\mathfrak{b} = (b_x,\, b_y,\, b_z)$ ist

$$\mathfrak{a}\mathfrak{b} = \mathfrak{b}\mathfrak{a} = a_x b_x + a_y b_y + a_z b_z = |\mathfrak{a}|\,|\mathfrak{b}|\cos(\mathfrak{a},\mathfrak{b});$$

ihr vektorielles Produkt, dessen Richtung mit dem Drehsinn $\mathfrak{a} \to \mathfrak{b}$ eine Rechtsschraube bildet, ist

$$[\mathfrak{a}\mathfrak{b}] = -[\mathfrak{b}\mathfrak{a}] = (a_y b_z - a_z b_y,\, \ldots,\, \ldots)$$

mit dem absoluten Betrag:

$$|[\mathfrak{a}\mathfrak{b}]| = |\mathfrak{a}|\,|\mathfrak{b}|\sin(\mathfrak{a},\mathfrak{b}).$$

Für Produkte aus drei Vektoren gilt

$$\text{I.} \qquad \mathfrak{a}[\mathfrak{b}\mathfrak{c}] = \mathfrak{b}[\mathfrak{c}\mathfrak{a}] = \mathfrak{c}[\mathfrak{a}\mathfrak{b}]$$

$$\text{II.} \qquad \big[\mathfrak{a}[\mathfrak{b}\mathfrak{c}]\big] = \mathfrak{b}.\mathfrak{c}\mathfrak{a} - \mathfrak{c}.\mathfrak{a}\mathfrak{b}$$

(der Punkt ist Trennungszeichen).

Für die Differentialoperationen:

$$\text{III.} \qquad \operatorname{grad}\varphi = \left(\frac{\partial\varphi}{\partial x},\, \frac{\partial\varphi}{\partial y},\, \frac{\partial\varphi}{\partial z}\right),$$

$$\text{IV.} \qquad \operatorname{div}\mathfrak{a} = \frac{\partial a_x}{\partial x} + \frac{\partial a_y}{\partial y} + \frac{\partial a_z}{\partial z},$$

$$\text{V.} \qquad \operatorname{rot}\mathfrak{a} = \left(\frac{\partial a_z}{\partial y} - \frac{\partial a_y}{\partial z},\, \ldots,\, \ldots\right)$$

gilt, falls unter $\mathfrak{r}$ der von einem festen Bezugspunkte nach dem Orte der Differentialoperation gezogene Fahrstrahl verstanden wird, wie man durch Ausrechnung der drei Komponenten leicht nachprüft,

$$\text{VI.} \qquad \operatorname{rot}\mathfrak{r} = 0,$$

$$\text{VII.} \qquad \operatorname{grad}\frac{1}{r} = -\frac{\mathfrak{r}}{r^3}, \qquad\qquad (r = |\mathfrak{r}|)$$

$$\text{VIII.} \qquad \mathfrak{a}\operatorname{grad}\cdot\mathfrak{r} = \mathfrak{a},$$

$$\text{IX.} \qquad \operatorname{grad}\mathfrak{a}^2 = 2\mathfrak{a}\operatorname{grad}.\mathfrak{a} + 2[\mathfrak{a}\operatorname{rot}\mathfrak{a}],$$

$$\text{X.} \qquad \operatorname{rot}\operatorname{grad}\varphi = 0,$$

XI. $\quad \operatorname{div} \operatorname{rot} \mathfrak{a} = 0,$

XII. $\quad \operatorname{div} \operatorname{grad} \varphi \equiv \nabla^2 \varphi = \dfrac{\partial^2 \varphi}{\partial x^2} + \dfrac{\partial^2 \varphi}{\partial y^2} + \dfrac{\partial^2 \varphi}{\partial z^2},$

XIII. $\quad \nabla^2 \dfrac{1}{r} = 0,$

XIV. $\quad \operatorname{rot} \operatorname{rot} \mathfrak{a} = \operatorname{grad} \operatorname{div} \mathfrak{a} - \nabla^2 \mathfrak{a},$

XV. $\quad \operatorname{grad} \mathfrak{a} . \mathfrak{b} = \mathfrak{b} \operatorname{div} \mathfrak{a} + \mathfrak{a} \operatorname{grad} . \mathfrak{b},$

XVI. $\quad \mathfrak{c} [\operatorname{grad} \mathfrak{a}] . \mathfrak{b} = \mathfrak{b} . \mathfrak{c} \operatorname{rot} \mathfrak{a} + [\mathfrak{a} \mathfrak{c}] \operatorname{grad} . \mathfrak{b},$

XVII. $\quad \dfrac{d \mathfrak{a}}{dt} = \dfrac{\partial \mathfrak{a}}{\partial t} + \mathfrak{v} \operatorname{grad} . \mathfrak{a}$

(substantielle Änderung = lokale Änderung + stationäre Änderung).

Bedeutet K eine geschlossene ebene Kurve, F die umschlungene Fläche, $\mathfrak{n}$ den Einheitsvektor der äußeren Normalen der Kurve, ds ein Bogenelement, $d\mathfrak{r}$ dessen Vektor, df ein Element von F, $d\mathfrak{f} = \mathfrak{e} df$ dessen Vektor normal zur Ebene, so daß $d\mathfrak{f}$ mit dem Umlaufssinn von $d\mathfrak{r}$ eine Rechtsschraube bildet und $\mathfrak{e}$ den Einheitsvektor senkrecht zur Ebene bedeutet, so gelten die Integralsätze:

XVIII. $\quad \displaystyle\oint^{K} d\mathfrak{r} = 0,$

XIX. $\quad \displaystyle\oint^{K} \mathfrak{n} \, ds = 0, \qquad\qquad\qquad \mathfrak{n}\, ds = [d\mathfrak{r}\,\mathfrak{e}]$

XX. $\quad \displaystyle\oint^{K} [\mathfrak{r}\,\mathfrak{n}] \, ds = 0,$

XXI. $\quad \displaystyle\int^{F} \operatorname{div} \mathfrak{a} \, df = \oint^{K} \mathfrak{a}\,\mathfrak{n}\, ds, \qquad\qquad$ (Satz von Gauss)

XXII. $\quad \displaystyle\int^{F} \operatorname{grad} \mathfrak{a} . \mathfrak{b}\, df = \oint^{K} \mathfrak{n}\,\mathfrak{a} . \mathfrak{b}\, ds,$

XXIII. $\quad \displaystyle\int^{F} \operatorname{rot} \mathfrak{a}\, d\mathfrak{f} = \oint^{K} \mathfrak{a}\, d\mathfrak{r}, \qquad\qquad$ (Satz von Stokes)

XXIV. $\quad \displaystyle\int^{F} d\mathfrak{f} [\operatorname{grad} \mathfrak{a}] . \mathfrak{b} = \oint^{K} d\mathfrak{r}\,\mathfrak{a} . \mathfrak{b}.$

Die Sätze XXII und XXIV gehen aus XXI und XXIII hervor, sobald man dort $\mathfrak{a}$ der Reihe nach durch $\mathfrak{a} b_x$, $\mathfrak{a} b_y$, $\mathfrak{a} b_z$ ersetzt.

Literaturverzeichnis.

[1] A. Betz, Die gegenseitige Beeinflussung zweier Tragflächen. Zeitschr. f. Flugt. u. Motorluftsch. **5** (1914), S. 253; ferner ebenda **3** (1912), S. 217, u. **4** (1913), S. 1.

[2] ——, Untersuchung einer Joukowskyschen Tragfläche. Zeitschr. f. Flugt. u. Motorluftsch. **6** (1915), S. 173.

[3] H. Blasius, Funktionentheoretische Methoden in der Hydrodynamik. Zeitschr. f. Math. u. Phys. **58** (1910), S. 90.

[4] ——, Stromfunktionen symmetrischer und unsymmetrischer Flügel in zweidimensionaler Strömung. Zeitschr. f. Math. u. Phys. **59** (1911), S. 225.

[5] ——, Stromfunktionen für Strömung durch Turbinenschaufeln. Zeitschr. f. Math. u. Phys. **60** (1912), S. 354.

[6] O. Blumenthal, Über die Druckverteilung längs Joukowskyscher Tragflächen. Zeitschr. f. Flugt. u. Motorluftsch. **4** (1913), S. 126.

[7] W. Deimler, Zeichnungen zur Kuttaströmung. Zeitschr. f. Math. u. Phys. **60** (1912), S. 373; auch auszugsweise in der Zeitschr. f. Flugt. u. Motorluftsch. **3** (1912), S. 63.

[8] S. Finsterwalder, Die Aërodynamik als Grundlage der Luftschiffahrt. Zeitschr. f. Flugt. u. Motorluftsch. **1** (1910), S. 6.

[9] L. Föppl, Wirbelbewegung hinter einem Kreiszylinder. Sitzungsber. d. Bayr. Akad. d. Wiss., math.-phys. Klasse, München, 1913, S. 1.

[10] O. Föppl, Windkräfte an ebenen und gewölbten Platten. Diss. Aachen 1911; auch Jahrb. der Motorluftschiffstudien-Ges. **4**, 1910/11, S. 51.

[11] H. Föttinger, Über die physikalischen Grundlagen der Turbinen- und Propellerwirkung. Verh. d. Vers. von Vertr. d. Flugwiss. zu Göttingen 1911, München u. Berlin 1912, S. 37; insbesondere die Diskussionsbemerkungen dazu von L. Prandtl, S. 41.

[12] R. Grammel, Ein Beitrag zur Theorie des Propellers. Jahrb. der Schiffbaut. Gesellschaft 1916, S. 367.

[13] ——, Über ebene Zirkulationsströmungen und die von ihnen erzeugten Kräfte. Jahresber. d. deutschen Math.-Vereinigung **25** (1916), S. 16.

[14] N. Joukowsky, De la chute dans l'air de corps légers de forme allongée, animés d'un mouvement rotatoire. Bull. de l'instit. aérodyn. de Koutchino, fasc. I, 2. éd., Moscou 1912, S. 51.

[15] ——, Über die Konturen der Tragflächen der Drachenflieger. Zeitschr. f. Flugt. u. Motorluftsch. **1** (1910), S. 281 und **3** (1912), S. 81.

[16] Th. v. Kármán, Über den Mechanismus des Widerstandes, den ein bewegter Körper in einer Flüssigkeit erfährt. Nachr. d. Ges. d. Wiss. zu Göttingen. math.-phys. Klasse 1911, S. 509; sowie ebenda 1912, S. 547 und zusammen mit H. Rubach, Phys. Zeitschr. 13 (1912), S. 49.

[17] H. Rubach, Über die Entstehung und Fortbewegung des Wirbelpaares hinter zylindrischen Körpern. Forschungsarbeiten auf dem Gebiet des Ingenieurwesens, Heft 185, Berlin 1916.

[18] W. M. Kutta, Auftriebskräfte in strömenden Flüssigkeiten. Ill. aëron. Mitteilungen 1902, S. 133.

[19] ——, Über eine mit den Grundlagen des Flugproblems in Beziehung stehende zweidimensionale Strömung. Sitzungsber. d. Bayr. Akad. d. Wiss., math.-phys. Klasse, München 1910, 2. Abh.

[20] ——, Über ebene Zirkulationsströmungen nebst flugtechnischen Anwendungen. Ebenda 1911, S. 65.

[21] F. W. Lanchester, Aërodynamik, deutsch von C. u. A. Runge, Leipzig u. Berlin, 1909/11.

[22] O. Martienssen, Die Gesetze des Wasser- und Luftwiderstandes, Berlin 1913.

[23] L. Prandtl, Über Flüssigkeitsbewegungen bei sehr kleiner Reibung. Verh. d. III. intern. Math.-Kongresses, Heidelberg 1904, Leipzig u. Berlin 1905, S. 484; sowie die sich daran anschließenden Dissertationen von H. Blasius, Göttingen 1907, und E. Boltze, Göttingen 1908, H. Blasius, Zeitschr. f. Math. u. Phys. 56 (1908), S. 1, K. Hiemenz, Dinglers polytechn. Journal 326 (1911), S. 321.

[24] ——, Ergebnisse und Ziele der Göttinger Modellversuchsanstalt. Verh. d. Vers. von Vertr. d. Flugwiss. zu Göttingen 1911, München u. Berlin 1912, S. 19.

[25] ——, Flüssigkeitsbewegung. Handwörterbuch der Naturwissenschaften, Bd. IV, Jena 1913, S. 101.

[26] Lord Rayleigh (J. W. Strutt), On the irregular flight of a tennis-ball. Scientific papers, Vol. I, Cambridge 1899, S. 344.

[27] H. Reissner, Wissenschaftliche Fortschritte der Flugtechnik. Jahrb. d. Luftfahrt 2, München 1912, S. 343.

[28] A. Sonnefeld, Über Flüssigkeitsströmungen um zusammengesetzte zylindrische Schalen und die daraus folgenden Auftriebskräfte. Diss. Jena 1911.

[29] E. Trefftz, Graphische Konstruktion Joukowskyscher Tragflächen. Zeitschr. f. Flugt. u. Motorluftsch. 4 (1913), S. 130.

[30] C. Wieselsberger, Beitrag zur Erklärung des Winkelfluges einiger Zugvögel. Zeitschr. f. Flugt. u. Motorluftsch. 5 (1914), S. 225.

Nachweis der Definitionen.